Morusu Siva Sankar

Crescimento do sector das comunicações na Índia

Morusu Siva Sankar

Crescimento do sector das comunicações na Índia

ScienciaScripts

Imprint

Cover image: www.ingimage.com

This book is a translation from the original published under ISBN 978-620-2-30023-0.

Publisher:
Sciencia Scripts
is a trademark of
Dodo Books Indian Ocean Ltd. and OmniScriptum S.R.L publishing group

120 High Road, East Finchley, London, N2 9ED, United Kingdom
Str. Armeneasca 28/1, office 1, Chisinau MD-2012, Republic of Moldova, Europe
Managing Directors: Ieva Konstantinova, Victoria Ursu
info@omniscriptum.com

Printed at: see last page
ISBN: 978-620-8-55164-3

AGRADECIMENTOS

Estou grato e profundamente em dívida para com o meu estimado supervisor de investigação, **o Prof.**

B. Mohan, antigo secretário e diretor, decano do corpo docente e chefe do departamento de comércio, Universidade S. V., Tintpati.

Estou grato ao Prof. A.* Rama Mohan Reddy, *da Universidade S. V. de Tirupati e ao Dr. A. Sudhakariah, da Universidade S. V. de Tirupati.

R. HARILAL, que prestou uma ajuda inestimável para a realização deste trabalho, e ao meu pai, M. SUBHANNA, à minha mãe, M. SUBBAMMA, e à minha mulher, M. SARALA.

Os meus sinceros agradecimentos ao Sr. Y.S. Rajashekar Reddy, antigo Ministro-Chefe da AP; à Sra. Y.S. Vijayamma, ao Sr. Y.S. Vivekananda Reddy, antigo Ministro de Kadapa e ao Sr. Y.S. Jagan Mohan Reddy, antigo Presidente do Parlamento de Andhra Pradesh e da TS

Expresso os meus sinceros agradecimentos ao meu amigo Sr. D. Sivabala & Smt.Kumari **e à sua filha** Kumari Hyndavi, **ao Dr. C VENKATESWARULU, ao Dr. P THIRUPAL, a P.RAVI KUMAR e a C.M.VIVEK VARDAN.**

As minhas orações constantes ao Senhor das "SETE COLINAS" resultaram na conclusão bem sucedida deste trabalho e estou também a pedir as suas bênçãos para um futuro brilhante.

Dedicado ao meu amado Deus, o Senhor VENKATESHWARA SWAMY

Os meus familiares

ÍNDICE

ÍNDICE 4
CAPÍTULO 1 5
CAPÍTULO 2 42
CAPÍTULO 3 63
CAPÍTULO 4 75
CAPÍTULO 5 99
CAPÍTULO 6 115
CAPÍTULO 7 126
Referências 156

CAPÍTULO 1
INTRODUÇÃO

História das comunicações

Desde a pré-história, as mudanças significativas nas tecnologias de comunicação (meios de comunicação e instrumentos de inscrição adequados) evoluíram a par das mudanças nos sistemas políticos e económicos e, por extensão, nos sistemas de poder. A comunicação pode variar entre processos de troca muito subtis, conversas completas e comunicação de massas. A comunicação humana foi revolucionada com a origem da fala há cerca de 500.000 anos. Os símbolos foram desenvolvidos há cerca de 30.000 anos. A imperfeição da fala, que, no entanto, permitiu uma mais fácil disseminação de ideias e estimulou invenções, acabou por resultar na criação de novas formas de comunicação, melhorando tanto o alcance da comunicação como a longevidade da informação. Os símbolos mais antigos que se conhecem, criados com o objetivo de comunicar, foram as pinturas rupestres, uma forma de arte rupestre, datada do Paleolítico Superior. A mais antiga pintura rupestre conhecida encontra-se na gruta de Chauvet, datada de cerca de 30 000 a.C. Estas pinturas continham quantidades crescentes de informação: é possível que as pessoas tenham criado o primeiro calendário há 15 000 anos A ligação entre o desenho e a escrita é ainda demonstrada pela linguística: no Antigo Egito e na Grécia Antiga, os conceitos e as palavras de desenho e de escrita eram um e o mesmo (egípcio: 's-sh', grego: 'graphein').

Petróglifos

O avanço seguinte na história das comunicações deu-se com a produção de petróglifos, gravuras numa superfície rochosa. Foram necessários cerca de 20.000 anos para que o homo sapiens passasse das primeiras pinturas rupestres para os primeiros petróglifos, que são datados de cerca de 10.000 a.C.

É possível que os seres humanos dessa época utilizassem outras formas de comunicação, muitas vezes para fins mnemónicos - pedras especialmente dispostas, símbolos esculpidos em madeira ou terra, cordas do tipo quipu, tatuagens, mas pouco mais do que as pedras esculpidas mais duráveis sobreviveu até aos tempos modernos e só podemos especular sobre a sua existência com base na nossa observação de culturas de "caçadores-recolectores" ainda existentes, como as de África ou da Oceânia Pictogramas

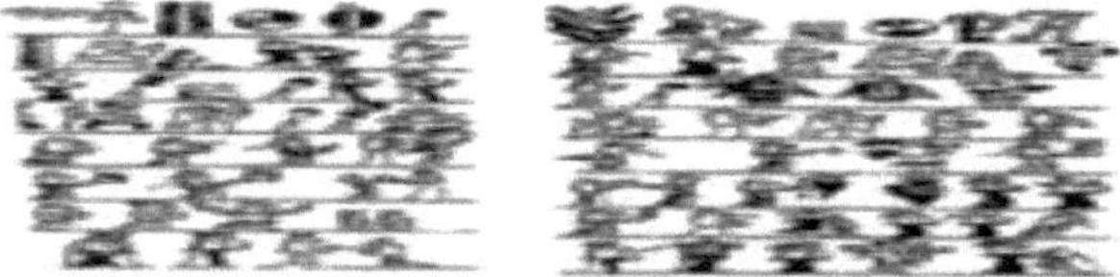

Pictograma de 1510 que conta a história da chegada dos missionários a Hispaniola

Um pictograma (pictograma) é um símbolo que representa um conceito, um objeto, uma atividade, um lugar ou um acontecimento através de uma ilustração. A pictografia é uma forma de proto-escrita em que as ideias são transmitidas através do desenho. Os pictogramas foram o passo seguinte na evolução da comunicação: a diferença mais importante entre os petróglifos e os pictogramas é que os petróglifos mostram simplesmente um acontecimento, mas os pictogramas contam uma história sobre o acontecimento, pelo que podem, por exemplo, ser ordenados cronologicamente.

Os pictogramas foram utilizados por várias culturas antigas em todo o mundo desde cerca de 9000 a.C., quando começaram a ser utilizadas fichas marcadas com imagens simples para rotular produtos agrícolas básicos, tendo-se tornado cada vez mais populares por volta de 6000-5000 a.C.

Foram a base do cuneiforme e dos hieróglifos e começaram a desenvolver-se em sistemas de escrita logográfica por volta de 5000 a.C.

Ideogramas

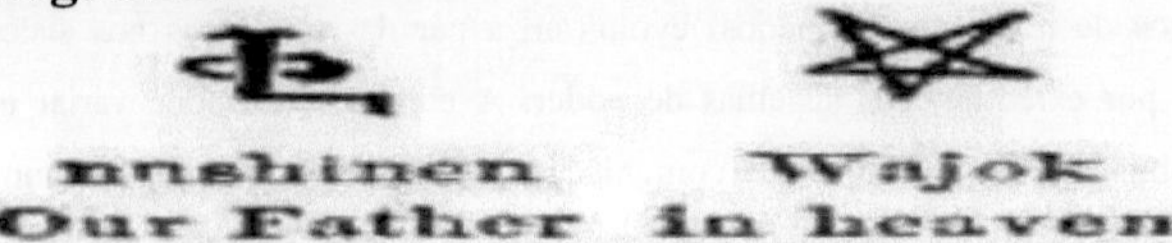

Os pictogramas, por sua vez, evoluíram para ideogramas, símbolos gráficos que representam uma ideia. Os seus antepassados, os pictogramas, só podiam representar algo semelhante à sua forma: assim, um pictograma de um círculo podia representar um sol, mas não conceitos como "calor", "luz", "dia" ou "Grande Deus do Sol". Os ideogramas, por outro lado, podem transmitir conceitos mais abstractos, pelo que, por exemplo, um ideograma de dois paus pode significar não só "pernas" mas também o verbo "andar".

Como algumas ideias são universais, muitas culturas diferentes desenvolveram ideogramas semelhantes. Por exemplo, um olho com uma lágrima significa "tristeza" nos ideogramas dos nativos americanos da Califórnia, tal como acontece com os aztecas, os primeiros chineses e os egípcios.

Os ideogramas foram os precursores dos sistemas de escrita logográfica, como os hieróglifos egípcios e os caracteres chineses.

Exemplos de sistemas de proto-escrita ideográfica, que se pensa não conterem informação específica de uma língua, incluem a escrita Vinca (ver também as tabuletas Tartaria) e a escrita Indus primitiva, em ambos os casos há alegações de decifração de conteúdo linguístico, sem grande aceitação. Escrita

Escrita cuneiforme suméria do século XXVI a.C., em língua suméria, que enumera os presentes oferecidos à alta sacerdotisa de Adab por ocasião da sua eleição. Um dos mais antigos exemplos de escrita humana.

As formas de escrita mais antigas conhecidas eram principalmente de natureza logográfica, baseadas em elementos pictográficos e ideográficos. A forma mais antiga de escrita conhecida (maioritariamente constituída por runas) é designada por futhark. A maior parte dos sistemas de escrita pode ser dividida em três categorias: *logográfica*, *silábica* e *alfabética* (ou *segmentar)*. No entanto, as

três categorias podem ser encontradas num determinado sistema de escrita em proporções variáveis, o que dificulta muitas vezes a classificação de um sistema de forma única.
A invenção dos primeiros sistemas de escrita é mais ou menos contemporânea do início da Idade do Bronze, no Neolítico tardio, no final do ano 4000 a.C. Pensa-se geralmente que o primeiro sistema de escrita foi inventado na Suméria pré-histórica e desenvolvido no final dos anos 3000 a.C., tornando-se cuneiforme. Os hieróglifos egípcios, o sistema de escrita proto-elamita não decifrado e o sistema de escrita do Indo
A escrita do Vale do Indo também data desta época, embora alguns estudiosos tenham questionado o estatuto da escrita do Vale do Indo como um sistema de escrita.
O sistema de escrita sumério original derivava de um sistema de fichas de barro utilizadas para representar mercadorias. No final do 4º milénio a.C., este sistema tinha evoluído para um método de contabilidade que utilizava um estilete redondo, gravado em argila mole em diferentes ângulos, para registar números. Este método foi gradualmente ampliado com a escrita pictográfica, utilizando um estilete afiado para indicar o que estava a ser contado. A escrita com estiletes redondos e pontiagudos foi gradualmente substituída, por volta de 2700-2000 a.C., pela escrita com estiletes em forma de cunha (daí o termo cuneiforme), inicialmente apenas para logogramas, mas que passou a incluir elementos fonéticos por volta de 2800 a.C. Por volta de 2600 a.C., a escrita cuneiforme começou a representar as sílabas da língua suméria falada.
Por fim, a escrita cuneiforme tornou-se um sistema de escrita de uso geral para logogramas, sílabas e números. No século XXVI a.C., esta escrita tinha sido adaptada a outra língua mesopotâmica, o acádio, e daí a outras como o hurriano e o hitita. Entre as escritas de aspeto semelhante a este sistema de escrita contam-se as do ugarítico e do persa antigo.
A escrita chinesa pode ter tido origem independentemente das escritas do Médio Oriente, por volta do século XVI a.C. (início da dinastia Shang), a partir de um sistema chinês neolítico tardio de proto-escrita que remonta a cerca de 6000 a.C. Os sistemas de escrita pré-colombianos das Américas, incluindo o olmeca e o maia, também são geralmente considerados como tendo tido origens independentes. Alfabeto

A SPECIMEN
By WILLIAM CASLON, Letter-Founder, in Chiswell-Street, LONDON.
ABCD
ABCDE
ABCDEFG

A Specimen of typeset fonts and languages, por William Caslon, fundador da carta; da Cyclopedia de 1728.
Os primeiros alfabetos puros (propriamente ditos, "abjads", mapeando símbolos únicos para fonemas

únicos, mas não necessariamente cada fonema para um símbolo) surgiram por volta de 2000 a.C. no Antigo Egito, mas nessa altura os princípios alfabéticos já tinham sido incorporados nos hieróglifos egípcios durante um milénio. Em 2700 a.C., a escrita egípcia tinha um conjunto de cerca de 22 hieróglifos para representar sílabas que começavam com uma única consoante da sua língua, mais uma vogal (ou nenhuma vogal) a ser fornecida pelo falante nativo. Estes glifos eram utilizados como guias de pronúncia para logogramas, para escrever inflexões gramaticais e, mais tarde, para transcrever palavras emprestadas e nomes estrangeiros.

No entanto, embora de natureza aparentemente alfabética, os uniliterais egípcios originais não constituíam um sistema e nunca foram utilizados para codificar o discurso egípcio. Na Idade do Bronze Média, alguns pensam que um sistema aparentemente "alfabético" foi desenvolvido no Egito central por volta de 1700 a.C. para ou por trabalhadores semitas, mas não podemos ler estes primeiros escritos e a sua natureza exacta permanece aberta à interpretação.

Nos cinco séculos seguintes, este "alfabeto" semita (na realidade um silabário como a escrita fenícia) parece ter-se espalhado para norte. Todos os alfabetos subsequentes em todo o mundo, com a única exceção do Hangul coreano, descendem deste alfabeto ou foram inspirados por um dos seus descendentes. História das telecomunicações

A história das telecomunicações - a transmissão de sinais à distância para fins de comunicação - começou há milhares de anos com a utilização de sinais de fumo e tambores em África, na América e em partes da Ásia. Na década de 1790, surgiram na Europa os primeiros sistemas fixos de semáforos, mas só na década de 1830 é que começaram a aparecer os sistemas eléctricos [de telecomunicações].

Quer se subscreva o paradigma ortodoxo do "Clovis first" (ou seja, que os primeiros a entrar no

O facto de a cultura Clovis ter chegado ao Novo Mundo vinda da Sibéria e se ter transformado na cultura Clovis há cerca de 13 500 anos), ou a noção agora geralmente aceite de que houve várias vagas de imigrantes antes de Clovis, é surpreendente que ainda não tenham surgido provas pictóricas da coexistência de povos pré-Clovis e de mega mamíferos da Idade do Gelo. Uma vez que os seres humanos noutras partes do mundo eram criadores de imagens, pressupõe-se que os primeiros paleoamericanos, quer fossem pré-Clovis ou Clovis, teriam trazido consigo predisposições universais para a criação de imagens, incluindo a arte rupestre. No entanto, até ao presente estudo, não foram encontradas imagens de arte rupestre inequivocamente antigas da megafauna da Idade do Gelo. Neste artigo, apresentamos fortes evidências da representação pré-histórica de mamutes num local no sul do Utah. Os métodos instrumentais para a datação de petroglifos, como a razão catiónica, a micro-laminação de verniz e a fluorescência de raios X, são atualmente considerados experimentais e apresentam geralmente grandes parâmetros de erro que, muitas vezes, não correspondem às expectativas científicas da investigação contemporânea sobre arte rupestre. Consequentemente, os investigadores de arte rupestre têm de obter provas circunstanciais de uma potencial arte rupestre da transição Pleistoceno-Holoceno (PHT), baseando-se em indícios indirectos mais tradicionais, como o estilo, as repaginações diferenciais e a meteorização. Do ponto de vista tafonómico, apenas dois tipos de arte rupestre são admitidos como tendo a capacidade de sobreviver ao Pleistoceno: pinturas e gravuras em ambientes protegidos, como saliências e grutas; e petróglifos profundamente batidos ou bicados em locais abertos de litologia resistente às intempéries (Bednarik 2010). Para além destas condições, a atribuição definitiva da arte à era PHT poderia certamente ser feita com base na representação de animais da megafauna, nomeadamente os ícones da Idade do Gelo - mamute (Mammuthus) ou mastodonte americano (Mammut americanum), que foram extintos o mais tardar em 10 800 BP (ver abaixo). No entanto, a paleoarte mais antiga reconhecível/datável do Oeste americano (convenientemente designada como= western archaic tradition[4] ou WAT) é quase exclusivamente não icónica, com uma predileção esmagadora por motivos geométricos abstractos. É certo que elementos proto-icónicos, tais como pegadas de mamíferos e aves, bem como pegadas e mãos humanas, surgem relativamente cedo e podem ser considerados precursores ou motivos de transição para estilos= biocêntricos' posteriores, que representam formas de vida como antropomorfos e zoomorfos (Malotki 2010). No entanto, até agora, as primeiras imagens datáveis no oeste dos Estados Unidos estavam em conformidade com o padrão pan-globalmente observável de que toda a paleoarte sobrevivente mais antiga, tanto como arte rupestre como arte mobiliária, é não-representativa.

Pedidos de indemnização por representações rupestres de

Megafauna do Pleistoceno no Oeste americano

É compreensível que a procura de representações gráficas da megafauna do Pleistoceno, principalmente no que diz respeito à identificação dos proboscídeos, tenha levado a uma série de afirmações que vão do absurdo ao potencial

Comunicação sobre o desenvolvimento

A comunicação para o desenvolvimento refere-se à utilização da comunicação para facilitar o desenvolvimento social. A comunicação para o desenvolvimento envolve as partes interessadas e os decisores políticos, cria ambientes favoráveis, avalia os riscos e as oportunidades e promove o intercâmbio de informações para provocar uma mudança social positiva através do desenvolvimento sustentável. As técnicas de comunicação para o desenvolvimento incluem a divulgação de informações e a educação, a mudança de comportamentos, o marketing social, a mobilização social, a defesa dos meios de comunicação social, a comunicação para a mudança social e a participação da comunidade. A comunicação para o desenvolvimento tem sido rotulada como a "Quinta Teoria da Imprensa", tendo como principais objectivos a "transformação e desenvolvimento social" e a "satisfação das necessidades básicas". Jamias articulou a filosofia da comunicação para o desenvolvimento, que se baseia em três ideias principais, a saber: propositada, carregada de valores e pragmática Nora C. Quebral alargou a definição, chamando-lhe "a arte e a ciência da comunicação humana aplicada à rápida transformação de um país e da massa do seu povo da pobreza para um estado dinâmico de crescimento económico que torna possível uma maior igualdade social e uma maior realização do potencial humano". Melcote e Steeves viam-na como uma "comunicação de emancipação", destinada a combater a injustiça e a opressão. A expressão "comunicação para o desenvolvimento" é por vezes utilizada para designar um tipo de marketing e de investigação da opinião pública, mas não é esse o tema deste artigo

Definição

Nora Cruz-Quebral, Ph.D., na palestra que proferiu para um Doutoramento Honoris Causa na London School of Economics, da Universidade de Londres, em dezembro de 2011, referiu claramente que a comunicação para o desenvolvimento foi articulada pela primeira vez a 10 de dezembro de 1971 na Universidade das Filipinas em Los Banos (UPLB). Naquela época, a Faculdade de Agricultura da UPLB realizou um

simpósio (em honra do Dr. Dioscoro L. Umali, cientista nacional no domínio do melhoramento vegetal) intitulado "In Search of Breakthroughs in Agricultural Development" (Em busca de avanços no desenvolvimento agrícola)

Uma definição recente e mais abrangente de comunicação para o desenvolvimento afirma que esta é

... a arte e a ciência da comunicação humana ligada à transformação planeada de uma sociedade de um estado de pobreza para um crescimento sócio-económico dinâmico que permita uma maior igualdade e um maior desenvolvimento dos potenciais individuais

Erskine Childers definiu-a como

As comunicações de apoio ao desenvolvimento são uma disciplina do planeamento e da execução do desenvolvimento em que os factores comportamentais humanos são tidos em conta de forma mais adequada na conceção dos projectos de desenvolvimento e dos seus objectivos

De acordo com o Banco Mundial, a comunicação para o desenvolvimento é a "integração da comunicação estratégica nos projectos de desenvolvimento" com base numa compreensão clara das realidades indígenas.

Além disso, a UNICEF considera que:

"...um processo bidirecional de partilha de ideias e conhecimentos utilizando uma série de ferramentas e abordagens de comunicação que capacitam os indivíduos e as comunidades a tomar medidas para melhorar as suas vidas." O centro governamental Thusong descreveu-o como "fornecer às comunidades informação que podem utilizar para melhorar as suas vidas, com o objetivo de tornar os programas e políticas públicas reais, significativos e sustentáveis"

Bessette (2006) definiu a comunicação para o desenvolvimento como uma "aplicação planeada e sistemática de recursos, canais, abordagens e estratégias de comunicação para apoiar os objectivos de desenvolvimento socioeconómico, político e cultural". A comunicação para o desenvolvimento é essencialmente participativa, porque, segundo Ascroft e Masilela (1994), "a participação traduz-se no facto de os indivíduos serem activos nos programas e processos de desenvolvimento; contribuem com ideias, tomam iniciativas e articulam as suas necessidades e os seus problemas, ao mesmo tempo que afirmam a sua autonomia".

Quem são os comunicadores do desenvolvimento? Que qualidades possuem? Nora C. Quebral fez uma caraterização sucinta:

1. Compreendem o processo de desenvolvimento, o processo de comunicação e o ambiente em que os dois processos interagem.
2. Possuem conhecimentos em matéria de competências e técnicas de comunicação, bem como de domínio do assunto a comunicar.
3. Interiorizaram os valores inerentes à equidade e ao desenvolvimento do potencial individual.
4. Conhecem em primeira mão os vários tipos de utilizadores finais da comunicação para o desenvolvimento.
5. Têm um sentido de empenhamento, a aceitação da responsabilidade individual pelo avanço do desenvolvimento humano.

Limites conceptuais da teoria da comunicação para o desenvolvimento

De acordo com Felstehausen (1973), os pressupostos teóricos convencionais são retirados da investigação sobre comunicação para o desenvolvimento e são contestados com base no facto de, enquanto conceitos teóricos, serem guias inadequados para a seleção de dados e a resolução de problemas de desenvolvimento. A primeira falácia concetual resulta da prática regular de escolher exemplos operacionais e analogias a partir das experiências de países desenvolvidos em vez de países subdesenvolvidos. Isto é especialmente evidente em termos de um preconceito que favorece a tecnologia (especialmente a tecnologia dos EUA) como correlato dos fenómenos de comunicação e como solução para os problemas de desenvolvimento. A segunda falácia resulta da utilização de modelos teóricos inadequados e frequentemente não testados no âmbito da investigação em comunicação, provocando uma visão distorcida do papel da comunicação em relação aos sistemas sociais e comportamentais. A primeira questão é defendida através da apresentação de uma revisão de estudos empíricos que demonstram que os processos de comunicação e a adoção de novas tecnologias não se desenvolvem independentemente dos factores que definem o comportamento do sistema social, económico e político. As análises de correlação são de pouca utilidade para explicar os processos de comunicação ou para estabelecer o seu papel em relação ao desenvolvimento. A segunda questão é abordada sugerindo que a comunicação seja vista como parte de uma teoria da interação social, na qual a comunicação é tratada como um processo que revela e transforma a realidade na troca de informações entre as pessoas. A comunicação pode ser definida como um processo de acumulação e integração da inteligência. Esta reformulação desloca o foco da investigação das questões de como a comunicação

A comunicação pode ser utilizada como unidade primária de análise, desde o modo como funciona para mudar as pessoas (emissores ou receptores), até ao modo como funciona para mudar e transformar as ideias. Os conceitos, as ideias, os interesses e as posições podem então ser utilizados como unidades primárias de análise.

Política

A política de comunicação para o desenvolvimento abrange processos formais e informais em que os interesses são definidos, expressos e negociados por actores com diferentes níveis de poder e com o objetivo de influenciar as decisões políticas.

Alexander G. Flor, Ph.D., um notável comunicador do desenvolvimento e professor na Universidade das Filipinas Los Banos (UPLB), postula que a comunicação do desenvolvimento e as ciências políticas estão inextricavelmente ligadas, embora sejam disciplinas distintas e mutuamente exclusivas. As "ciências políticas", diz ele em poucas palavras, são o estudo científico das políticas e da elaboração de políticas, enquanto a "política" é o conjunto de decisões com objectivos específicos e público-alvo.

Comunicação internacional

A comunicação internacional, o domínio intelectual que trata das questões da comunicação de massas a nível mundial, é por vezes também designada por comunicação para o desenvolvimento. Este domínio inclui a história do telégrafo, os cabos de comunicação submarinos, as ondas curtas ou a radiodifusão internacional, a televisão por satélite e os fluxos globais dos meios de comunicação social. Atualmente, inclui questões relacionadas com a Internet numa perspetiva global e a utilização de novas tecnologias, como os telemóveis.

A prática da comunicação para o desenvolvimento teve início na década de 1940, mas a sua aplicação generalizada ocorreu após a Segunda Guerra Mundial. O advento das ciências da comunicação na década de 1950 incluiu o reconhecimento do campo como uma disciplina académica, liderada por Daniel Lerner, Wilbur Schramm e Everett Rogers. Tanto Childers como Quebral sublinharam que a DC inclui todos os meios de comunicação, desde os meios de comunicação de massas até à pessoa a pessoa.

Segundo Quebral (1975), a caraterística mais importante das comunicações para o desenvolvimento ao estilo filipino é o facto de o governo ser o "principal criador e administrador do plano diretor (de desenvolvimento), pelo que, neste sistema, a comunicação para o desenvolvimento é intencional, persuasiva, orientada para os objectivos, para o público e intervencionista por natureza".

Escolas académicas

Várias escolas de comunicação para o desenvolvimento surgiram em resposta a desafios e oportunidades em países individuais. Manyozo (2006) dividiu o campo em seis escolas. A escola de "Bretton Woods" era originalmente dominante na literatura internacional. As outras eram as escolas latino-americana, indiana, africana, de Los Baños e participativa.

Mudança social católica

Embora não seja, por si só, uma escola académica, a Igreja tem vindo a realizar "comunicação para o desenvolvimento" há muitas décadas. Os ensinamentos sociais e as normas morais da Igreja Católica são paralelos aos do desenvolvimento social. Rerum novarum (Sobre as coisas novas), por exemplo, uma encíclica escrita em 1891 pelo Papa Leão XIII, criticava os males sociais e promovia "a doutrina católica sobre o trabalho, o direito à propriedade, o princípio da colaboração em vez da luta de classes como meio fundamental para a mudança social, os direitos dos fracos, a dignidade dos pobres e as obrigações dos ricos, Em 1961, o Papa João XXIII, escrevendo sobre o tema "Cristianismo e Progresso Social", produziu uma encíclica intituladaMater et magistra (Mãe e Mestra), na qual ensinava que a "Igreja é chamada, na verdade, na justiça e no amor, a cooperar na construção, com todos os homens, de uma autêntica comunhão. Deste modo, o crescimento económico não se limitará a satisfazer as necessidades dos homens, mas promoverá também a sua dignidade". Depois, em 1967, o Papa Paulo VI publicou a Populorum Progressio (Desenvolvimento Progressivo). Nela, o Papa sublinhava a importância da justiça, da paz e do desenvolvimento, declarando que "o desenvolvimento é o novo nome da paz". Dirigindo-se aos trabalhadores do desenvolvimento, afirmou que "o verdadeiro progresso não consiste na riqueza procurada para conforto pessoal ou por si mesma; consiste antes numa ordem económica concebida para o bem-estar da pessoa humana, onde o pão quotidiano que cada homem recebe reflecte o brilho do amor fraterno e a mão amiga de Deus".

O Papa João VI escreveu que a própria natureza da Igreja era missionária (Lumen gentium - Luz das Nações), e a sua identidade mais profunda (Evangelii nuntiandi- Partilhar o Evangelho) abrangendo toda a vida da Igreja (Redemptoris missio - Missão do Redentor). O conteúdo comunicado através da missão é transformador e libertador - manifestado na mensagem aos pobres, libertando os cativos, dando vista aos cegos (Lc 4,18), defendendo os interesses dos trabalhadores comuns e o valor do trabalho (Laborem exercens - Pelo trabalho), promovendo o bem-estar das viúvas e dos órfãos e protegendo os direitos das crianças e dos bebés (Pacem in terris - Paz na Terra).

A importância do empenhamento para a transformação e o desenvolvimento sociais é também afirmada no Catecismo da Igreja Católica, que afirma que "na medida do possível, os cidadãos devem tomar parte ativa na vida pública; a forma desta participação pode variar de um país ou de uma cultura para outra... como acontece com qualquer obrigação ética, a participação de todos na realização do bem comum exige uma conversão continuamente renovada dos parceiros sociais (pp. 1915-1916). Além disso, a Gaudium et spes (Alegria e Esperança), comummente referida como a Carta Magna do ensino da Igreja Católica sobre a dignidade humana, afirma que "para satisfazer as exigências da justiça e da equidade, devem ser envidados esforços vigorosos, sem desrespeitar os direitos das pessoas nem as qualidades naturais de cada país, para eliminar o mais rapidamente possível as imensas desigualdades económicas que existem atualmente e que, em muitos casos, estão a aumentar e que estão ligadas à discriminação individual e social".

O envolvimento de muitas organizações e de membros individuais da Igreja Católica em chamar a atenção para a situação dos necessitados e em ir ao encontro dos desfavorecidos através de obras no domínio da educação, da saúde, de projectos de subsistência, entre outros, constitui um exemplo concreto de uma Igreja que comunica uma mensagem transformadora e que muda a vida.

A Igreja defende o "estabelecimento de novas relações na sociedade humana, sob o domínio e a orientação da verdade, da justiça, da caridade e da liberdade - relações entre cidadãos individuais, entre cidadãos e os seus respectivos Estados, entre Estados e, finalmente, entre indivíduos, famílias, associações intermédias e Estados, por um lado, e a comunidade mundial, por outro". Y O Papa João

Paulo II, tocando em parte no pensamento de QuebraTs (2007) sobre "comunicação para o desenvolvimento num mundo sem fronteiras", instruiu os comunicadores cristãos a "interpretar as necessidades culturais modernas, comprometendo-se a abordar a era das comunicações não como um tempo de alienação e confusão, mas como um tempo valioso para a busca da verdade e para o desenvolvimento da comunhão entre pessoas e povos".

Bretton Woods

A escola de comunicação sobre o desenvolvimento de Bretton Woods era paralela às estratégias económicas delineadas no Plano Marshall, no sistema de Bretton Woods e no Banco Mundial e no Fundo Monetário Internacional em 1944. O nome pouco usado serviu para diferenciar o paradigma original de outras escolas que evoluíram mais tarde. Entre os principais teóricos contam-se Daniel Lerner, Wilbur Schramm e Everett Rogers. Devido à sua influência pioneira, Rogers foi designado como o "pai da comunicação para o desenvolvimento".

Esta abordagem da comunicação para o desenvolvimento foi criticada por investigadores latino-americanos como Luis Ramiro Beltan e Alfonso Gumucio Dagron, porque enfatizava os problemas da nação em desenvolvimento em vez da sua relação desigual com os países desenvolvidos. Afirmaram que propunha o capitalismo industrial como solução universal e que muitos projectos não conseguiam resolver obstáculos como a falta de acesso à terra, a créditos agrícolas e a preços de mercado justos.

Os projectos fracassados na década de 1960 levaram a revisões. Manyozo constatou que a escola tinha sido a mais dinâmica na experimentação e adoção de novas abordagens e metodologias. (Manyozo, 2006)

As instituições associadas à escola de comunicação sobre o desenvolvimento de Bretton Woods incluem

Organização das Nações Unidas para a Educação, a Ciência e a Cultura (UNESCO) Alimentação

Organização das Nações Unidas para a Agricultura e a Alimentação (FAO) Rockefeller

Fundação

Departamento para o Desenvolvimento Internacional, Reino Unido Fundação Ford

América Latina

A escola latino-americana de comunicação para o desenvolvimento é anterior à escola de Bretton Woods, tendo surgido na década de 1940 com os esforços da Radio Sutatenza da Colômbia e das Radios Mineras da Bolívia. Foram pioneiros em abordagens participativas e educativas para capacitar os marginalizados. De facto, serviram como os primeiros modelos para os esforços de radiodifusão participativa em todo o mundo.

Na década de 1960, as teorias da pedagogia crítica de Paulo Freire e o método enter-educate de Miguel Sabido tornaram-se elementos importantes da escola latino-americana de comunicação para o desenvolvimento.

Outros teóricos influentes incluem Juan Diaz Bordenave, Luis Ramiro Beltran e Alfonso Gumucio Dagron (Manyozo 2006, Manyozo, 2005).

Nos anos 90, os avanços tecnológicos facilitaram a mudança e o desenvolvimento social: surgiram novos meios de comunicação social, a televisão por cabo chegou a mais regiões e o crescimento das empresas de comunicação locais foi paralelo ao crescimento das grandes empresas de comunicação social

Índia

A comunicação organizada para o desenvolvimento na Índia começou com as emissões de rádio rurais na década de 1940. As emissões adoptaram línguas indígenas para chegar a públicos mais vastos.

Os esforços organizados na Índia começaram com projectos de desenvolvimento comunitário na década de 1950. O governo, guiado por ideais socialistas e políticos, iniciou muitos programas de desenvolvimento. A publicidade no terreno foi utilizada para a comunicação pessoa-a-pessoa. A rádio desempenhou um papel importante para chegar às massas porque a literacia era baixa. As instituições de ensino - especialmente as universidades agrícolas, através das suas redes de extensão - e as organizações internacionais sob a égide das Nações Unidas experimentaram a comunicação para o desenvolvimento

As organizações não governamentais (ONG) baseavam-se em relações interpessoais estreitas entre os comunicadores.

A comunicação do governo era mais genérica e unidirecional. As chamadas campanhas de informação pública eram feiras públicas patrocinadas pelo governo em áreas remotas que apresentavam entretenimento e informações sobre projectos sociais e de desenvolvimento. Os habitantes das aldeias participavam em concursos para atrair os participantes. As organizações públicas e privadas patrocinavam bancas na área de exposição principal. As agências de desenvolvimento e os fornecedores de serviços/bens também participaram. Alguns governos estatais utilizaram este modelo

A rádio comunitária foi utilizada nas zonas rurais da Índia. As ONG e os estabelecimentos de ensino criaram estações locais para difundir informações, conselhos e mensagens sobre desenvolvimento. A participação local foi incentivada. A rádio comunitária proporcionou uma plataforma para os aldeões divulgarem os problemas locais, oferecendo a possibilidade de obterem acções dos funcionários locais

A adoção generalizada da telefonia móvel na Índia criou novos canais para chegar às massas.

A rádio manteve uma forte presença na investigação e na prática durante o século XXI. A rádio era especialmente importante nas zonas rurais, como demonstrou o trabalho da organização não governamental Farm Radio International e dos seus membros na África subsariana. A troca de conhecimentos entre parceiros de desenvolvimento, como cientistas agrícolas e agricultores, era mediada pela rádio rural (Hambly Odame, 2003).

Em 1993, na série de artigos do corpo docente do Instituto de Comunicação para o Desenvolvimento, Alexander Flor propôs alargar a definição de comunicação para o desenvolvimento de modo a incluir a perspetiva da cibernética e da teoria geral dos sistemas:

Se a informação contraria a entropia e o colapso social é um tipo de entropia, então deve haver um tipo específico de informação que contraria a entropia social. A troca de tais informações - seja a nível individual, de grupo ou de sociedade - é chamada de comunicação para o desenvolvimento.^[41]^

Comunicação participativa para o desenvolvimento

A evolução da escola de comunicação para o desenvolvimento participativo envolveu a colaboração entre organizações de comunicação para o desenvolvimento do Primeiro Mundo e do Terceiro Mundo. Centrou-se no envolvimento da comunidade nos esforços de desenvolvimento e foi influenciada pela pedagogia crítica freireana e pela escola de Los Baños (Besette, 2004).

Banco Mundial

O Banco Mundial promove ativamente este domínio através da sua divisão de Comunicação para o Desenvolvimento e publicou o Development Communication Sourcebook em 2008, um recurso que aborda a história, os conceitos e as aplicações práticas desta disciplina.

Comunicação para o Desenvolvimento ou Comunicação para o Desenvolvimento

O Banco Mundial tende a adotar e a promover o título "Comunicação para o Desenvolvimento", enquanto a UNICEF adopta o título "Comunicação para o Desenvolvimento". A diferença parece ser uma questão de semântica e não de ideologia, uma vez que os objectivos finais destas organizações globais são praticamente idênticos.

A UNICEF explica: A Comunicação para o Desenvolvimento (C4D) vai para além do fornecimento de informação. Implica compreender as pessoas, as suas crenças e valores, as normas sociais e culturais que moldam as suas vidas. Inclui o envolvimento das comunidades e a escuta de adultos e crianças à medida que estes identificam problemas, propõem soluções e actuam sobre elas. A comunicação para o desenvolvimento é vista como um processo bidirecional de partilha de ideias e conhecimentos, utilizando uma série de ferramentas e abordagens de comunicação que capacitam os indivíduos e as comunidades a tomar medidas para melhorar as suas vidas.

O Banco Mundial define a Comunicação para o Desenvolvimento como um campo interdisciplinar, baseado na investigação empírica que ajuda a criar consensos, ao mesmo tempo que facilita a partilha de conhecimentos para conseguir uma mudança positiva na iniciativa de desenvolvimento. Não se trata apenas da divulgação eficaz de informação, mas também da utilização de investigação empírica e de comunicações bidireccionais entre as partes interessadas (Divisão de Comunicação para o Desenvolvimento, Banco Mundial)

Exemplos

Um dos primeiros exemplos de comunicação para o desenvolvimento foi o Farm Radio Forums no Canadá. De 1941 a 1965, os agricultores reuniram-se semanalmente para ouvir programas de rádio, complementados por materiais impressos e perguntas preparadas para incentivar o debate. No início, tratava-se de uma resposta à Grande Depressão e à necessidade de aumentar a produção alimentar durante a Segunda Guerra Mundial. Mais tarde, os Fóruns abordaram questões sociais e económicas. Este modelo de educação de adultos ou de educação à distância foi mais tarde adotado na Índia e no Gana Radyo DZLB era a estação de radiodifusão comunitária da Faculdade de Comunicação para o Desenvolvimento da UPLB. Foi um precursor do conceito de escola no ar (SOA) que proporcionava educação informal aos agricultores. A DZLB acolheu SOAs sobre nutrição, gestão de pragas e cooperativas A DZLB transmitiu programas educativos para agricultores e cooperativas.

Criada em 2009, a Global South Development Magazine tem sido um exemplo recente de desenvolvimento comunicação na prática.

A televisão instrutiva foi utilizada em El Salvador durante a década de 1970 para melhorar o ensino primário. Um dos problemas era a falta de professores formados. Os materiais didácticos foram melhorados para os tornar mais relevantes. Mais crianças frequentaram a escola e as taxas de graduação aumentaram. | ·

Nos anos 70, na Coreia, a Planned Parenthood Federation conseguiu reduzir as taxas de natalidade e melhorar a vida em aldeias como Oryu Li. Utilizou principalmente a comunicação interpessoal nos clubes de mulheres. O sucesso de Oryu Li não se repetiu em todas as aldeias. O esforço inicial teve a vantagem de contar com um líder local notável e com visitas do governador da província.

Um projeto de marketing social na Bolívia, na década de 1980, tentou levar as mulheres do Vale de Cochabamba a utilizar soja nos seus cozinhados. Tratava-se de uma tentativa de combater a subnutrição crónica das crianças. O projeto recorreu a demonstrações culinárias, cartazes e emissões em estações de rádio comerciais locais. Algumas pessoas experimentaram os grãos de soja, mas o resultado do projeto não foi claro

Em 1999, os EUA e a DC Comics planearam distribuir 600.000 livros de banda desenhada às crianças afectadas pela guerra do Kosovo. Os livros eram em albanês e incluíam o Super-Homem e a Mulher Maravilha. O objetivo era ensinar às crianças o que fazer quando encontrassem uma mina terrestre por explodir, deixada pela guerra civil do Kosovo. Os livros de banda desenhada ensinam as crianças a não tocar e a não se mexerem, mas sim a pedirem ajuda a um adulto.

Desde 2002, a Journalists for Human Rights, uma ONG canadiana, tem desenvolvido projectos no Gana, na Serra Leoa, na Libéria e na República Democrática do Congo. A JHR trabalha diretamente com jornalistas, oferecendo workshops mensais, sessões para estudantes, formação no local de trabalho e programas adicionais numa base de país a país

Política

A comunicação para o desenvolvimento destina-se a criar consensos e a facilitar a partilha de conhecimentos para conseguir mudanças positivas nas iniciativas de desenvolvimento. Divulga informações e recorre à investigação empírica, à comunicação bidirecional e ao diálogo entre as partes interessadas. É um instrumento de gestão que ajuda a avaliar os riscos e as oportunidades sociopolíticas. Ao utilizar a comunicação para colmatar as diferenças e agir no sentido da mudança, a comunicação para o desenvolvimento pode conduzir a resultados bem sucedidos e sustentáveis

A comunicação para o desenvolvimento é uma resposta a factores históricos, sociais e económicos que limitam o acesso à informação e a participação dos cidadãos. Estes factores incluem a pobreza e o desemprego,

acesso limitado aos serviços básicos, padrões de povoamento remotos, falta de acesso à tecnologia, falta de informação, serviços de saúde inadequados, falta de educação e de competências e falta de infra-estruturas.

A FAO afirmou que a comunicação pode desempenhar um papel decisivo na promoção do desenvolvimento humano. A democracia, a descentralização e a economia de mercado permitem que os indivíduos e as comunidades controlem os seus próprios destinos. Estimular a consciencialização, a participação e as capacidades é vital. As políticas devem encorajar o planeamento e a implementação eficazes dos programas de comunicação.

Lee defendeu que as políticas e práticas de comunicação requerem uma ação conjunta entre os líderes nos domínios social, económico, científico, educativo e dos negócios estrangeiros e que o sucesso exige um contacto e uma consulta constantes com os comunicadores e os cidadãos

Os valores que determinam a estrutura dos sistemas de comunicação e orientam o seu funcionamento

Os sistemas de comunicação, as suas estruturas e o seu funcionamento

Os resultados destes sistemas e o seu impacto e funções sociais

O Centro Asiático de Informação e Comunicação dos Meios de Comunicação (AMIC) foi encarregado pela UNESCO de realizar um estudo de viabilidade sobre "Formação em Planeamento da Comunicação na Ásia" em 1974. Organizou a primeira Conferência Regional do AMIC sobre Políticas e Planeamento da Comunicação para o Desenvolvimento em Manila, Filipinas, em maio de 1977. Com a participação de delegados de dez países, foram elaboradas recomendações básicas, incluindo a organização de conselhos nacionais de comunicação para o desenvolvimento pelos grupos governamentais, educativos e dos meios de comunicação social de cada país.

De acordo com Habermann e De Fontgalland, as dificuldades na adoção de uma política viável de comunicação para o desenvolvimento têm de ser analisadas simultaneamente de forma horizontal e vertical. Horizontalmente, as agências governamentais, os gabinetes semi-governamentais (por exemplo, o serviço de extensão rural), as organizações de desenvolvimento independentes e os meios de comunicação social privados devem coordenar as políticas. Verticalmente, a informação deve fluir em ambas as direcções entre a base populacional e os órgãos de decisão. Isto envolve as administrações locais e supra-locais que são activas na transmissão de diretivas e na prestação de contas ao governo. Geralmente, as políticas padrão não incentivam/exigem que essas instituições forneçam informações da população aos decisores políticos, com exceção dos gabinetes de extensão do governo.

Em 1986, Quebral sublinhou a importância de reconhecer igualmente a prática sistemática, juntamente com a investigação formal, como base legítima para as decisões. Segundo ela, a investigação deve preceder e tornar-se a base da política.

Análise das partes interessadas

A conceção e a aplicação das políticas estão a tornar-se mais complexas e o número e o tipo de intervenientes envolvidos na aplicação das políticas mais diversificados; por conseguinte, o processo político está a evoluir para situações com múltiplos intervenientes e objectivos. O termo "interveniente" tem sido definido de forma diversa em função do objetivo da análise, da abordagem analítica ou do domínio político. Quando vários grupos de partes interessadas estão envolvidos no processo político, uma análise das partes interessadas pode constituir um recurso útil.

A análise dos actores pode ajudar a analisar o comportamento, as intenções, as inter-relações, as agendas, os interesses e os recursos dos actores nos processos políticos. Crosby descreveu a análise das partes interessadas como oferecendo métodos e abordagens para analisar os interesses e os papéis dos principais actores. Hannan e Freeman incluem grupos ou indivíduos que podem afetar ou ser afectados pela realização dos objectivos da organização, enquanto outros excluem aqueles que não podem influenciar o resultado. Por exemplo, Brugha e Varvasovszky definiram as partes interessadas como "indivíduos, grupos e organizações que têm um interesse (stake) e o potencial para influenciar as acções e os objectivos de uma organização, projeto ou orientação política". De acordo com Flor, uma análise das partes interessadas na política de comunicação revelaria a interação dos seguintes sectores:

1. Governo - adopta todas as políticas de comunicação, o que faz dele a parte interessada mais poderosa.
2. Setor da educação - Realiza investigação que está na base das políticas subsequentes.
3. Setor da comunicação - Influencia as políticas de comunicação. Pode adotar a autorregulação para evitar/atrasar a regulamentação governamental. Por exemplo, o Kapisanan ng mga Brodkaster sa Pilipinas e o Philippine Press Institute instituem códigos de ética.
4. Setor privado - Evitar políticas que limitem os conteúdos e proteger-se dos adversários.
5. Setor religioso - Opõe-se tradicionalmente a políticas que permitem a distribuição de obscenidade, violência e profanação.
6. Interesses estrangeiros - por exemplo, as agências internacionais de crédito podem exigir o fim dos monopólios - incluindo os órgãos de comunicação social estatais - como condição para a ajuda financeira.
7. Consumidores - Tradicionalmente não são consultados, mas mais recentemente alegam proteger o interesse público.

As Nações Unidas reconheceram a importância da "necessidade de apoiar sistemas de comunicação bidireccionais que permitam o diálogo e que permitam às comunidades exprimir as suas aspirações e preocupações e participar nas decisões...." Estas interações bidireccionais podem ajudar
expor a realidade local. Keune e Sinha afirmam que o envolvimento da comunidade na política de comunicação para o desenvolvimento é importante, uma vez que são os "beneficiários finais e talvez os mais importantes das políticas e do planeamento da comunicação para o desenvolvimento". Perspectivas históricas

Cuilenburg e McQuail (2003) identificam três fases principais da elaboração da política de comunicação:

Política emergente do sector das comunicações (até à Segunda Guerra Mundial) - durante esta época, a política de comunicações apoiava principalmente os benefícios do Estado e das empresas. A política abrangia o telégrafo, a telefonia e as comunicações sem fios e, mais tarde, o cinema. As políticas eram medidas ad hoc concebidas para facilitar uma série de inovações técnicas.

Política dos meios de comunicação social de serviço público (1945-1980)-Após a Segunda Guerra Mundial, a política foi dominada por preocupações sociopolíticas em vez de económicas e estratégicas nacionais. Esta fase teve início após a Segunda Guerra Mundial. A política alargou-se da abordagem de questões técnicas ao conteúdo das comunicações e à cobertura da imprensa tradicional.

Novo paradigma da política de comunicações (1980 até ao presente)-As tendências tecnológicas, económicas e sociais alteraram fundamentalmente a política dos meios de comunicação social a partir de 1980. A convergência tecnológica tornou-se um ponto da agenda quando o Gabinete de Avaliação Tecnológica dos EUA publicou o seu estudo pioneiro, Critical Connections (OTA, 1990), seguido pela União Europeia (CEC, 1997). A "convergência" significou que as fronteiras entre as tecnologias da

informação se esbateram: o computador e as telecomunicações convergiram para a telemática; os computadores pessoais e a televisão tornaram-se mais semelhantes; e redes anteriormente separadas tornaram-se interligadas. A regulamentação dos meios de comunicação social ficou cada vez mais ligada à regulamentação das telecomunicações. A globalização e a
a permeabilidade das fronteiras nacionais pelos meios de comunicação social multinacionais limitou o impacto da política na maioria dos países.

Críticas

A política de comunicação para o desenvolvimento, enquanto domínio, conheceu um conflito persistente. Os debates operaram no âmbito do discurso de cada período: autónomo vs. dependente nos anos 50; fluxos de comunicação Norte-Sul desiguais nos anos 60 e 70; empresas transnacionais e actores não governamentais nos anos 80; a sociedade de informação global convergente e a estrutura dos meios de comunicação social baseada no mercado nos anos 90; e os meios de comunicação social em linha e a divisão digital nos anos 2000

Participação

Hamelink e Nordenstreng apelaram à participação de múltiplos intervenientes na governação das tecnologias da informação e da comunicação (TIC) e a mecanismos formais e informais de desenvolvimento de políticas que permitam aos intervenientes estatais e não estatais moldar as indústrias dos media e da comunicação.

Viés da agência de financiamento

Manyozo defendeu a necessidade de repensar a comunicação para as políticas de desenvolvimento, considerando que os responsáveis pelas políticas de comunicação não conseguem identificar as instituições de financiamento que encorajam o imperialismo cultural e as relações de poder desiguais entre as organizações ocidentais e locais. Atribuiu este facto à ausência, nos debates sobre políticas de comunicação, de um discurso de economia política. Ao analisar as diferentes abordagens da comunicação para as políticas de desenvolvimento - media, participação e diálogo comunitário - Manyozo critica os grupos que enfatizam uma em detrimento das outras.

Comunicação dos riscos

A comunicação de riscos teve origem nos Estados Unidos, onde os esforços de limpeza ambiental foram implementados através de legislação. Os termos= risk communications[4] e= risk management[4] foram utilizados pela primeira vez por William Ruckelshaus, o primeiro administrador da Agência de Proteção do Ambiente (EPA) dos EUA, criada na década de 1970. A comunicação de riscos inclui riscos de decisões de gestão, riscos de implementação e riscos relacionados com circunstâncias ambientais, sanitárias, políticas ou sociais existentes. Por exemplo, no sector da saúde, a comunicação dos riscos aborda as pandemias, as catástrofes naturais, o bioterrorismo, a contaminação dos recursos, etc. As definições de "risco" incluem:

"A identificação e análise, qualitativa ou quantitativa, da probabilidade de ocorrência de uma sobre-exposição a um acontecimento perigoso e da gravidade das lesões ou doenças que podem ser causadas por esse acontecimento."- Norma Nacional Americana para Sistemas de Gestão da Segurança e Saúde no Trabalho (ANSI/AIHA ZlO-2005): "

"... a probabilidade de uma substância ou situação produzir danos em condições específicas. O risco é uma combinação de dois factores: (1) a probabilidade de ocorrência de um acontecimento adverso e (2) as consequências do acontecimento adverso."-The Framework for Environmental Health Risk Management (PresidentiaFCongressional Commission on Risk Assessment and Risk Management, 1997):

"A probabilidade (ou probabilidade) de ocorrer uma consequência prejudicial como resultado de uma ação."-The Safety Professionals Handbook (Fields 2008):

A gestão do risco foi descrita como:

1. As avaliações e decisões necessárias para fazer face aos riscos (Lundgren e McMakin, 2004)
2. Planeamento para uma crise, que deve envolver a remoção de riscos e permitir a uma organização, sociedade ou sistema um controlo adequado (Fearn-Banks, 2007) e
3. Factores que combatem as crises com o objetivo de minimizar os danos. (Combs, 1999)

A comunicação dos riscos envolve informações importantes para a gestão dos riscos, tanto das autoridades para as pessoas em risco como vice-versa. A comunicação sobre o desenvolvimento beneficia da comunicação sobre os riscos quando esta última clarifica os riscos do desenvolvimento (ou da falta dele).

Desenvolvimento Comunicação Política Ciência

A ciência da política de comunicação para o desenvolvimento é um domínio próspero e contemporâneo das ciências sociais. Trata-se da aplicação das ciências políticas para melhorar o desenvolvimento, a implementação e a avaliação das políticas no contexto da comunicação para o desenvolvimento. De acordo com Flor (1991), a comunicação para o desenvolvimento e as ciências políticas são consideradas áreas de estudo distintas e mutuamente exclusivas, mas estão inextricavelmente ligadas. Acrescentou que a comunicação para o desenvolvimento e as ciências políticas, embora diferentes no seu âmbito de aplicação, partem da mesma lógica: a necessidade de aplicar ativamente os conhecimentos dos princípios das ciências sociais na resolução de problemas sociais de grande escala em condições de mudança social. Ambas defendem um papel normativo ou prescritivo para as ciências sociais, trabalham para aliviar os problemas da sociedade e reconhecem a importante função da comunicação (Ongkiko & Flor, 2006). Enquanto disciplina académica, a ciência da política de comunicação para o desenvolvimento é o estudo da utilização da arte e da ciência da política no contexto da comunicação para o desenvolvimento. A comunicação para o desenvolvimento tem como objetivo último catalisar as actividades de desenvolvimento local, o planeamento e a implementação do desenvolvimento local e a comunicação local para facilitar o caminho para o desenvolvimento. É a ciência que utiliza a comunicação para educar, mudar e motivar as atitudes e os valores das pessoas, conduzindo a objectivos de desenvolvimento. Assim, rotula o que vemos para que o possamos entender de uma forma particular. Compreender a política significa compreender a forma como os profissionais a utilizam para moldar a ação. Leva-nos a perguntar quem está envolvido em que contexto, como é que a ação é enquadrada e qual o significado, neste processo, da ideia de finalidade autorizada e não simplesmente de um resultado.

De facto, a "abordagem da ciência política é prospetiva e antecipatória. У

Ciências políticas

De acordo com Harold Lasswell (1971), as ciências políticas preocupam-se com o conhecimento dos e nos processos de decisão da ordem pública e cívica. O conhecimento dos processos de decisão aponta para a compreensão empírica e científica do modo como as políticas são elaboradas e executadas. O conhecimento empírico diz respeito ao conhecimento gerado através da investigação científica e da observação aplicada aos processos de decisão. Assim, a noção de ciências políticas é interpretada de várias formas desde que foi introduzida na década de 1940 e, ao longo dos anos, Lasswell e os seus colegas

aperfeiçoaram o conceito, através da prática e da revisão pelos pares, como as ferramentas intelectuais necessárias para apoiar a investigação orientada para os problemas, contextual e multimétodo ao serviço da dignidade humana para todos. As ciências políticas são um corpo de conhecimento virado para o futuro, com a forma plural a realçar a sua natureza interdisciplinar e holística. Reconhece a multiplicidade de factores que afectam certos problemas e as múltiplas dimensões de certos fenómenos que são objeto de processos de decisão. Como tal, a ênfase das ciências políticas está na aplicação de provas científicas ou empíricas na compreensão dos problemas, de modo a que sejam identificadas e implementadas intervenções mais realistas, reactivas e eficazes. Uma vez que um problema é multidimensional, são necessárias várias disciplinas científicas para formar uma análise abrangente de um determinado fenómeno. A tendência para um ponto de vista das ciências políticas é um afastamento da fragmentação e da visão fragmentada das questões políticas.

As ciências políticas fornecem uma abordagem integrada e abrangente para tratar questões e problemas a todos os níveis, de forma a ajudar a clarificar e a garantir o interesse comum. As ciências políticas estão preocupadas em ajudar as pessoas a tomar melhores decisões no sentido de promover a dignidade humana para todos. Uma vez que estamos a viver num ambiente de "campo turbulento", a ciência política é necessária para abordar as questões antes que estas se tornem maiores. A abordagem das ciências políticas, tal como citada por Flor no seu artigo, é prospetiva ou antecipatória. As ciências políticas dizem-nos o que temos de fazer e preparar antes de certas questões ou problemas ocorrerem. Utilizando uma definição alegórica, Dror (1971), citado por Ongkiko e Flor (2006), explica que -não se deve deixar o problema de atravessar um rio para depois de o alcançar; em vez disso, deve-se fazer um levantamento prévio do território, identificar os rios que o atravessam, decidir se é necessário atravessar o rio - e, em caso afirmativo, onde e como atravessá-lo - e, em seguida, preparar antecipadamente os materiais para atravessar o rio e conceber uma rede logística para que o material esteja pronto quando o rio for alcançado. У Além disso, dada a sua natureza interdisciplinar e holística, as ciências políticas têm em conta diversas variáveis (educação, comunicação, dinheiro, cultura) ao tomar uma decisão. Estas variáveis são factores importantes para a elaboração de uma política sólida e relevante.

Comunicação Política Ciência

O clima de participação criado pelas últimas administrações conferiu um papel mais significativo ao especialista em comunicação para o desenvolvimento/cientista político. O seu envolvimento na elaboração da política de comunicação é facilitado pela chamada institucionalização do poder popular. Os seus conhecimentos podem ser diretamente aproveitados pelo mais importante interessado, o consumidor dos meios de comunicação social. A participação dos utilizadores de informação e dos consumidores dos meios de comunicação social na elaboração de políticas pode ser concretizada através da formação de uma organização nacional de consumidores dos meios de comunicação social ou de uma federação de organizações locais desta natureza, na qual os analistas políticos desempenhem um papel significativo. Esta organização proposta poderia dar início à educação para os media nos modos formal e não formal. A educação para os media a nível formal pode ser facilitada através de lobbies para a sua inclusão nos currículos existentes do ensino secundário e superior. A educação não formal pode ser efectuada através de campanhas de sensibilização patrocinadas pelos consumidores dos meios de comunicação social. Esta organização pode também realizar os seus próprios estudos relacionados com a audiência e investigação política. Poderá estabelecer uma rede nacional[89] que envolva a igreja, as comunidades académicas, as organizações de base e os grupos orientados para as causas. Os cientistas da política de comunicação podem também fazer parte do pessoal dos nossos legisladores no Congresso e no Senado. A título privado, podem formar grupos de investigação e desenvolvimento ou "grupos de reflexão", cujos serviços podem ser utilizados por agências governamentais. De facto, este é um momento fortuito para o envolvimento político na comunicação para o desenvolvimento.

A cultura, a política, a economia e a tecnologia têm um impacto nas decisões políticas. Para investigar os factores que influenciam a política de comunicação, é preciso ir além das visões convencionais dos meios de comunicação e da comunicação e combiná-las com estudos políticos.

De acordo com os especialistas, a política de comunicação científica seria compreendida se o público tivesse acesso à informação científica correta. Coyle, no seu artigo - Teoria da Comunicação para o Desenvolvimento, afirma que as pessoas têm a possibilidade de mudar o seu modo de vida através da comunicação. As pessoas melhoram as suas vidas e formas de pensar através da comunicação, partilhando as suas perspectivas e compreendendo o que se passa no seu meio envolvente. Tal como sublinhado por Flor, o desenvolvimento da comunicação tem algo a ver com a ciência política, uma vez que esta está ancorada na melhoria da elaboração de políticas.

Tal como estipulado na teoria de Walt Rostow no artigo de Boado, as sociedades passam por fases específicas de desenvolvimento no seu caminho para a modernidade. Os decisores políticos e os cientistas podem comunicar diretamente com o público através das redes sociais e dos blogues. Ao utilizar meios de comunicação social como

Twitter e Facebook, os decisores políticos e os cientistas podem servir de mediadores essenciais na divulgação de informações científicas, partilhando os avanços diretamente com a sociedade.

Desenvolvimento Comunicação Política Ciência e Demografia

Definida como o estudo estatístico das populações, a Demografia é vista mais como uma ciência geral que pode analisar populações que mostram mudanças ao longo de um período de tempo. No entanto, em combinação com o aspeto mais específico da comunicação que tem a ver com as ciências sociais, a demografia pode ser um fator significativo e, consequentemente, influenciar a conceção da política de Comunicação para o Desenvolvimento.

O investigador do Instituto Max Planck de Investigação Demográfica, Sebastian Klusener, investigou a forma como a troca de ideias e de informações entre as pessoas pode afetar o desenvolvimento de diferenças espaciais, temporais e sociais nas alterações demográficas. Os resultados sublinham que a comunicação desempenha um papel muito mais importante na definição dos processos demográficos... | | Na sua discussão sobre a relação entre os comunicadores e as suas audiências, Natalie T. J. Tindall, professora associada do departamento de comunicação da Universidade do Estado da Geórgia, EUA, partilha: "As categorias demográficas ainda nos podem dizer muito sobre a nossa estrutura social e continuam a ser úteis para a compreensão a nível macro das pessoas e das sociedades. | | É com esta compreensão que as políticas podem ser concebidas de forma mais adaptada àqueles a quem se destinam. Além disso, os critérios pelos quais uma demografia é realizada são factores relevantes que podem funcionar como um roteiro que pode orientar a elaboração de políticas de comunicação para o desenvolvimento. Isto inclui, entre outros, a idade, o nível de educação, o perfil de distribuição por género, o rendimento individual e familiar, etc. Tendo em conta o objetivo de antecipação das ciências políticas em relação à crise ou à resolução de problemas, quanto melhor os decisores políticos compreenderem a situação demográfica - e não apenas social - de uma população, mais sensível e pró-ativa poderá ser a elaboração de políticas enquanto processo. Quando as perspectivas de uma amostragem transversal precisa de uma população, grupo ou cultura são tidas em consideração, as políticas daí resultantes são mais bem orientadas para os objectivos pré-definidos. Scalone, Dribe e Klusener descobriram ainda que "a comunicação pode aumentar significativamente o impacto das políticas relevantes para a população e de outros processos de mudança social... | | , o que reforça a ideia de que, enquanto ciência em si mesma, a conceção de políticas de comunicação para o desenvolvimento se torna mais precisa e objetiva quando a informação e as variáveis corretas são integradas de forma holística.

Abordagens selecionadas para o planeamento da comunicação para o desenvolvimento de políticas

A UNESCO, ou Organização das Nações Unidas para a Educação, a Ciência e a Cultura, é uma das organizações multilaterais que utiliza o planeamento da comunicação para o desenvolvimento de políticas. Numa das suas publicações de 1980, "Approaches to Communication Planning", apresenta algumas das abordagens mais comuns utilizadas por académicos, planeadores e profissionais. Quais são as abordagens mais comuns ao planeamento da comunicação?

A abordagem de processo

A abordagem do processo lida diretamente com o processo de planeamento da comunicação que lida com as teorias no âmbito do processo de planeamento que afirma que o planeamento é a aplicação da teoria sobre como e porque são utilizadas. (UNESCO, 1980) A segunda é que lida com o próprio processo de planeamento que fornece formas alternativas de organizar a função e o processo de planeamento, tendo em conta diferentes objectivos e contextos de planeamento. (UNESCO, 1980) A ideia central do argumento é que existem alternativas à abordagem de planeamento racional/compreensivo amplamente conhecida. (UNESCO, 1980) Os responsáveis pela política de comunicação não estão a agir isoladamente; tiveram o apoio total de cientistas e teóricos. A

Comunicação para o Desenvolvimento tem por objetivo promover a mudança de atitudes e comportamentos das pessoas, de modo a aumentar a sua participação no processo de desenvolvimento. Rogers= A teoria da difusão das inovações é talvez a teoria mais influente no paradigma da modernização. O modelo de difusão ganhou grande popularidade na maior parte das nações em desenvolvimento e continua a ter grande importância na agenda de apoio ao= desenvolvimento", "informando as populações sobre os projectos de desenvolvimento, ilustrando as suas vantagens e recomendando que sejam apoiados^ (Servaes, 1996). A comunicação no âmbito da abordagem da modernização é sinónimo de informação e ignora a importância do feedback no processo de comunicação. Melkote e Steeves (2001) contribuíram com três qualidades-chave da teoria e da prática da modernização: culpabilização da vítima, darwinismo social e manutenção da estrutura de classes da desigualdade. (1) A culpabilização da vítima é um processo ideológico, uma evasão quase indolor entre os decisores políticos e os intelectuais de todo o mundo. É um processo de justificar a desigualdade na sociedade, encontrando defeitos nas vítimas da desigualdade.

A abordagem de sistemas

A abordagem sistémica do planeamento da comunicação incide sobre a forma de estabelecer novos sistemas nas organizações. (UNESCO, 1980) Esta abordagem é valiosa para os planeadores confrontados com a tarefa de criar sistemas organizacionais para desempenhar funções de comunicação. (UNESCO, 1980) Esta abordagem também pode ser melhor aplicada a problemas no ambiente, fornecendo aos planeadores uma perspetiva analítica sobre a análise de problemas e uma gama de técnicas a utilizar na implementação desta perspetiva. (UNESCO, 1980)

A abordagem de rede

A Abordagem de Rede (Padovani & Pavan, 2014) é um quadro heurístico para teorizar e investigar empiricamente ambientes ou redes de governança da comunicação global (GCG) em cenários supranacionais caracterizados pela pluralidade e multiplicidade de agentes, atores e partes interessadas, pluralidade e diversidade de culturas, complexidade de interações, pluralidade de sistemas políticos e multiplicidade de processos políticos. GCG é um termo cunhado por Padovani & Pavan (2014) para - indicar a multiplicidade de redes de atores interdependentes, mas operacionalmente autónomos, que se envolvem com diferentes graus de autonomia e poder, em processos de caráter formal ou informal, através dos quais perseguem diferentes objetivos, produzem conhecimento e práticas culturais relevantes e se envolvem em negociações políticas enquanto tentam influenciar o resultado da tomada de decisões no domínio dos media e da comunicação em contexto transnacional. У (p. 544) A Abordagem de Rede centra-se especificamente nas dinâmicas transnacionais que regem os sistemas de comunicação. (Fonte: Padovani, C. & Pavan, E. (2014). Actores e Interações na Governação da Comunicação Global: The Heuristic Potential of Network Approach. In Mansell R. & Raboy, M. (eds). The Handbook of Global Media and Communication Policy. John Wiley & Sons).

Ciclo de vida da apólice

Os responsáveis governamentais e os decisores políticos, tanto nos países desenvolvidos como nos países em desenvolvimento, são frequentemente confrontados com problemas para os quais não têm soluções de conceção. Cada problema, país e

A cultura de uma sociedade exige uma abordagem específica e parece passar pelo ciclo de vida das políticas. Winsemius propôs quatro fases do ciclo de vida das políticas; Fase 1: Reconhecimento do problema; grupos da sociedade, como funcionários do governo, lobistas e líderes de países[4] reconhecem o problema, por exemplo, terrorismo, pobreza, aquecimento global e outros. O problema é dado a conhecer a todas as partes interessadas. Durante esta fase, os membros apercebem-se de que o problema deve ser resolvido através de políticas. Fase 2: Obtenção de controlo sobre o problema; nesta fase, o governo começa a avançar nos seus mecanismos através da formulação de políticas. A investigação orientada para as políticas é frequentemente atribuída a instituições científicas, são realizados inquéritos de opinião e são consideradas opções para melhorar e resolver o problema. Fase 3: Resolução do problema; nesta fase, são implementadas políticas, programas e projectos. Na maioria dos casos, o governo gere sozinho todos os pormenores de um programa, mas o melhor cenário é quando as ONG e outros grupos envolvidos participam nas iniciativas. Fase 4: Monitorização do problema: Nesta fase, o objetivo é garantir que o problema está sob controlo e que assim deve permanecer. Este é também o momento de pensar em políticas futuras e de desenvolver parcerias públicas e privadas na implementação de políticas.

Métodos de análise da política de comunicação

Ongkiko e Flor (2006) argumentam que um especialista em comunicação para o desenvolvimento (SCD), num momento ou noutro, também assume o papel de um analista de políticas de comunicação na Análise de Políticas de Comunicação= devido à sua postura proactiva e à sua preocupação com o objetivo[4] (Flor, 1991). Recorde-se que as ciências políticas antecipam e olham para o futuro, o que consubstancia a natureza proactiva de um DCS. Para desempenhar plenamente este papel, é necessário um conhecimento rudimentar dos métodos de análise política, particularmente os relacionados com a comunicação para o desenvolvimento. Entre estes métodos, são abordados de seguida:

Avaliação das tecnologias da comunicação (CTA)

A comunicação desempenha um papel vital na coordenação, gestão, recolha e transferência de conhecimentos entre os diferentes intervenientes no projeto (Malone & Crowston, 1994; Espinosa & Carmel, 2003, como citado por Gill, Bunker, & Seltsikas, 2012). A AIC é um método qualitativo que procura determinar os impactos de ordem superior e inferior de formas específicas de tecnologia de comunicação no indivíduo e na sociedade (Flor, 1991) antes da adoção de novas tecnologias (Ongkiko & Flor, 2006). A decisão de adotar ou não depende dos resultados da avaliação. A AIC é prospetiva e adopta certas premissas de valor sobre o que é socialmente benéfico ou prejudicial para a sociedade. Sendo de natureza antecipatória, a AIC prevê, pelo menos numa base probabilística, todo o espetro de consequências possíveis do avanço tecnológico, deixando ao processo político a escolha efectiva entre as políticas alternativas à luz do melhor conhecimento disponível das suas consequências prováveis (Brooks, 1976, como citado por Ely, Zwanenberg, & Stirling, 2010). Neste caso, deve fornecer uma análise imparcial e informações sobre os efeitos físicos, biológicos, económicos, sociais e políticos das tecnologias [de comunicação].

Análise Custo-Benefício Social

Pathak (n.d.) explica que a Análise Custo-Benefício Social (ACBSS) é também referida como Análise Económica (AE). A SCBA ou EA é um estudo de viabilidade de um projeto do ponto de vista de uma sociedade para avaliar se um projeto proposto trará benefícios ou custos para a sociedade (Ibid.). Ongkiko e Flor (2006) explicam ainda que a SCBA é um método quantitativo que atribui valores monetários às condições sociais resultantes de determinadas políticas de comunicação. Flor (1991) explica que o valor monetário dos custos sociais é subtraído dos benefícios sociais de um determinado programa ou política. É necessária uma diferença positiva para que um programa ou política seja considerado socialmente benéfico. O objetivo do SCBA é apoiar a tomada de decisões públicas, não em termos de produzir o projeto ideal, mas simplesmente propondo a solução óptima para a comunidade a partir do espetro de possibilidades (Dupuis, 1985). Assim, o objetivo é determinar quantidades óptimas como contributo para a tomada de decisões ou para avaliar a eficácia das decisões já tomadas.

Análise da problemática

O procedimento de análise problemática é uma abordagem naturalista que procura descobrir os factores influentes e descrever a estrutura dos problemas que existem nos sistemas de comunicação (Librero, 1993; Flor, 1991). O objetivo básico desta abordagem, segundo Librero (1993), é identificar o problema e não a solução. No processo, portanto, o avaliador que emprega a análise problemática identifica os factores que influenciam o sistema, mostra as relações hierárquicas desses factores e traça as causas profundas dos problemas do sistema.

sistema. Flor (1991) classificou estes factores de influência como subordinados ou superordenados, sendo os primeiros apenas os sintomas dos segundos. A identificação dos factores influentes superordenados ou das causas profundas evita, portanto, a recorrência da situação problemática.

Construção de cenários

Enquanto ferramenta de análise política, a construção de cenários (CS) descreve um conjunto possível de condições futuras (Moniz, 2006) ou de acontecimentos hipotéticos que podem ocorrer no futuro de um determinado sistema (Allen, 1978, citado por Flor, 1991). Também foi definido como uma descrição das condições e eventos sob os quais se presume que um sistema em estudo esteja a funcionar (Kraemer, 1973, citado por Flor, 1991). Os cenários fornecem uma descrição fundamentada de um dos muitos futuros possíveis de um sistema, geralmente apresentado no estado mais otimista ou -melhor caso Y e no estado mais pessimista ou -pior caso Y. Segundo Moniz (2006), os cenários mais úteis são aqueles que mostram as condições de variáveis importantes ao longo do tempo. Nesta abordagem, a base quantitativa enriquece a evolução narrativa das condições ou a evolução das variáveis; as narrativas descrevem os acontecimentos e desenvolvimentos importantes que moldam as variáveis. Em termos de métodos inovadores para a análise de políticas, os métodos de prospetiva e de construção de cenários podem constituir uma referência interessante para as ciências sociais (Moniz, 2006). Citando Allen (1978), Flor (1991) enumera seis passos na construção de cenários, a saber: (1) definir o sistema; (2) estabelecer um período de tempo para o sistema funcionar; (3) definir as restrições externas no ambiente do sistema; (4) definir os elementos ou eventos no sistema que são susceptíveis de aumentar ou diminuir as hipóteses de o sistema atingir as suas metas e objectivos; (5) declarar em termos probabilísticos a probabilidade da ocorrência dos elementos ou eventos; e (6) realizar uma análise sensível dos resultados.

Política Delphi

O Policy Delphi, de acordo com Flor (1991), é uma variação da técnica Delphi. Trata-se de uma ferramenta para a análise de questões políticas que procura o envolvimento e a participação de inquiridos anónimos (geralmente representantes das diferentes partes interessadas na política). Neste caso, a conveniência e a viabilidade de determinadas políticas são avaliadas do ponto de vista das diferentes partes interessadas. Entretanto, de acordo com Turoff (1975), a política Delphi tem como objetivo criar a melhor

possíveis ideias contrastantes para resolver um problema político importante. Neste caso, o decisor está interessado em ter um grupo que lhe dê opções e evidências de apoio de onde possa escolher para tomar uma solução, em vez de ter um grupo que produza a decisão por ele. O Policy Delphi é, portanto, uma ferramenta para a análise de questões políticas e não um mecanismo para tomar uma decisão Y (Turoff, 1975). Turoff (1975) nota a natureza desafiadora do Policy Delphi como meio de análise política, - tanto para a equipa de conceção como para os inquiridos | | (Turoff, 1975). Como processo, o Delphi político passa pelas seis fases seguintes: (1) Formular a questão; (2) Citar opções; (3) Decidir a posição preliminar sobre a questão; (4) Procurar e obter razões para disputas; (5) Avaliar as razões subjacentes; (6) Reavaliar as opções.

Citando cinco estudos de caso sobre a utilização da comunicação e da mobilização social em programas de proteção ambiental e de gestão dos recursos naturais, Flor apresentou as seguintes lições aprendidas com os cinco programas:

1. Uma comunicação ambiental eficaz não é meramente instrutiva nem consultiva.
2. Uma comunicação ambiental eficaz também não é meramente informativa.
3. A participação e a ação colectiva são impulsionadas internamente e não impostas externamente.
4. A comunicação ambiental deve utilizar os meios de comunicação indígenas.
5. A comunicação ambiental deve ser efectuada a nível interpessoal, comunitário e, posteriormente, nacional.
6. A participação leva tempo; uma comunicação eficaz avança ao seu próprio ritmo.
7. Uma comunicação ambiental eficaz assume uma dinâmica própria.

Governação

Num estudo de Hilbert, Miles e Othmer (2009), foi realizado um exercício Delphi de cinco rondas para mostrar como os exercícios internacionais de prospetiva, através de ferramentas em linha e fora de linha, podem tornar a elaboração de políticas nos países em desenvolvimento mais participativa, promovendo a transparência e a responsabilização da tomada de decisões públicas. | | A ciência política foi utilizada para identificar prioridades futuras no que respeita ao Plano de Ação para a Sociedade da Informação da América Latina e Caraíbas 2005-2007 (eLAC2007). O documento apresentou orientações políticas específicas e explicou como os métodos de Policy [null Delphi] podem ser aplicados para tornar a tomada de decisões públicas mais transparente e responsável, particularmente nos países em desenvolvimento. Entre as implicações práticas retiradas contam-se 1) -os governos[4] o reconhecimento do valor da inteligência colectiva da sociedade civil, do meio académico e do sector privado participantes no Delphi e a consequente valorização da elaboração de políticas participativas У e 2) -o papel que pode ser desempenhado pelas Nações Unidas (e potencialmente por outras agências intergovernamentais) na elaboração de políticas participativas internacionais na era digital, especialmente se modernizarem a forma como assistem os países membros no desenvolvimento de agendas de políticas públicas. У Educação à distância

No livro -Beyond Access and Equity: Distance Learning Models in Asia, У Flor (2002) apresenta em pormenor o caso do SMP Terbuka, um ensino secundário na Indonésia ministrado em modo de ensino à distância. Isto está em consonância com o objetivo do país de universalização do ensino básico. Para avaliar o ambiente sócio-cultural do SMP Terbuka e determinar o ambiente político para o ensino à distância, foi efectuada uma análise ambiental. O estudo também utilizou o método problemático para analisar os problemas estruturais e organizacionais num sistema de ensino à distância, bem como as suas causas. De um modo geral, foi empregue uma abordagem de análise de sistemas em que foram analisados o ambiente, as partes interessadas, a organização, a rede e a estrutura do problema. Flor apresenta uma proposta de plano de comunicação e advocacia para o SMP Terbuka com o objetivo de obter o apoio do público para este modo de ensino alternativo. Na conceção do plano de marketing social e de advocacia, foi utilizada a análise da situação. Esta análise utilizou quatro métodos, nomeadamente, -exploração do ambiente, avaliação dos recursos de comunicação; revisão das estratégias de comunicação existentes; e análise do impacto estratégico dirigido às partes interessadas do sector. У Reformas no sector da saúde

Walt e Gilson (1994) sublinharam o papel central da análise política nas reformas da saúde nos países em desenvolvimento. No seu estudo, argumentam que a política de saúde se centra estritamente no conteúdo da reforma e negligencia outras considerações cruciais, como o contexto que exige essa reforma, os processos envolvidos e os actores sociais ou as partes interessadas associadas à reforma.

Sobrecarga de informação e rácio de desperdício

Fred Fedler (1989), mencionado no livro Dilemmas in the Study of Information: Exploring the Boundaries of Information Science, descreve o impacto da era da informação referindo-se à -vulnerabilidade dos media aos embustes У. Fedler defende que "os jornalistas são vulneráveis à informação e sê-lo-ão sempre. Os jornalistas não podem determinar a veracidade das histórias que publicam, nem verificar todos os pormenores. Recebem demasiadas histórias, e uma única história pode conter centenas de pormenores У. Na mesma linha, é isto que a maioria dos especialistas considera ser a explosão da informação.

Agora, mais do que nunca, a informação ultrapassou os milhões de gigabytes. A tecnologia levou as pessoas de todo o mundo a serem confrontadas com tanta informação que a utilização dessa informação se tornou um problema. O Dr. Paul Marsden, da Digital Intelligence Today, define a sobrecarga de informação como - quando o volume de informação potencialmente útil e relevante disponível excede a capacidade de processamento e se torna um obstáculo em vez de uma ajuda | | (Marsden, 2013).

O Dr. Alexander Flor, no seu artigo sobre o Rácio de Desperdício de Informação, argumenta que, embora a informação possa ser consumida em qualquer altura e raramente tenha uma data de validade;

A informação de investigação é gerada para um determinado fim, um utilizador específico e um problema definido na mente. Se essa informação não estiver disponível para a pessoa certa, no momento certo e no local certo, então concluímos que o esforço exercido para gerar essa quantidade de informação foi desperdiçado . |

Uma abordagem que o Dr. Flor postulou para determinar a subutilização é o seu Rácio de Desperdício de Informação. O rácio tem em consideração os conceitos de geração de informação (GI) e utilização de informação (UI), expressos como um rácio de desperdício equivalente a um menos a quantidade de informação utilizada dividida pela quantidade de informação gerada | | , assim:

Wr = 1 - IU/IG

A fórmula do Dr. Flor explica o défice de informação, especialmente entre os países do Terceiro Mundo, onde a utilização da informação é condicionada por factores como - baixa literacia, acesso e disponibilidade limitados dos meios de comunicação social, baixa literacia informática, baixos níveis de educação e políticas de comunicação pouco sólidas. O quadro que o Dr. Flor apresentou é melhor descrito como "a revolução da comunicação contribui para a quantidade de informação gerada, o que provoca uma explosão de informação | . Uma vez que a relação entre os dois fenómenos é recíproca, -a quantidade de informação, a qualidade da informação e a sobrecarga de informação determinam o desperdício de informação numa sociedade da informação | | . O resultado deste rácio de desperdício apoia o lançamento de políticas de comunicação para garantir a plena utilização da informação em vários domínios.

O fosso entre investigadores e decisores políticos

A *praxis* ou o casamento entre a investigação e a prática, segundo Flor (1991), é necessária para abordar as questões sociais prementes que estão a incomodar a sociedade. No entanto, há factores que atrasar a sua realização. De acordo com o Instituto Virtual da CNUCED (2006), continua a existir um enorme fosso de comunicação entre os investigadores e os decisores políticos. Do lado dos decisores políticos, a informação sobre os investigadores em curso mal chega até eles. Os investigadores, por outro lado, não têm consciência e conhecimento da política mais importante que poderia contribuir muito para a investigação. Eis algumas razões comuns para o grande fosso entre os dois:

1. Os decisores políticos recorrem sobretudo a organizações internacionais, institutos de investigação internacionais ou aos seus próprios peritos técnicos ou missões diplomáticas para obterem informações e análises que sirvam de base às suas políticas. As universidades e os institutos de investigação locais podem ter capacidade, mas muitas vezes não são capazes de cooperar com os decisores políticos.

2. Os decisores políticos consideram a credibilidade dos investigadores e dos resultados da investigação um requisito fundamental para a cooperação.

3. Os governos não dispõem de procedimentos sistemáticos sobre as instituições de

investigação a que devem recorrer e sobre quando e como estabelecer contacto com os investigadores.

4. Os dados necessários para uma investigação informada podem ser inexistentes ou inacessíveis.

Por conseguinte, o seminário conjunto UNCTAD-OMC-ITC sobre a análise da política comercial transmitiu estas recomendações tanto às instituições de investigação como aos organismos de decisão política: Como investigador:

1. Tente divulgar o mais amplamente possível as informações sobre os projectos de investigação em curso:

2. Convidar funcionários governamentais interessados para conferências ou apresentações de investigação, ou organizar eventos específicos que reúnam decisores políticos e investigadores

3. Enviar notas e resumos aos ministérios competentes

4. Distribuir a investigação às agências governamentais, mas também às ONG, que também podem estar entre os seus utilizadores. Estar preparado para discutir o trabalho em curso com os decisores políticos após o estabelecimento dos primeiros contactos.

5. Tente entrar em contacto direto, por exemplo, com negociadores, fornecendo-lhes pequenas notas/resumos de resultados de investigação relevantes.

6. Estabelecer contactos e construir uma cooperação a longo prazo com os ministérios relevantes. O início pode ser facilitado pela existência de um "campeão" no ministério. No entanto, o investigador/instituição de investigação pode ter de evitar estar demasiado identificado com um "campeão" e, por conseguinte, depender demasiado da evolução do estatuto do "campeão".

7. O acesso aos altos funcionários dos ministérios pode ser facilitado através do envolvimento de representantes de nível superior nas universidades (reitores, vice-reitores...) no estabelecimento e manutenção de contactos. No entanto, uma cooperação mais descentralizada também pode ser produtiva se os procedimentos dentro da universidade tendem a ser muito hierárquicos e burocráticos.

Como decisor político:

1. Envolver os decisores políticos na investigação. Os decisores políticos que são consultados nas fases iniciais de um projeto de investigação tendem a ser mais abertos, uma vez que podem participar ativamente e, por conseguinte, têm um interesse na definição das questões de investigação, assumindo assim também a "propriedade" da investigação. A interação regular durante o projeto de investigação pode ajudar a ajustar as questões investigadas e as ferramentas utilizadas às necessidades dos decisores políticos.

2. Certifique-se de que a sua investigação aborda questões de relevância política para o seu país, contactando as missões permanentes em Genebra, que podem atuar como facilitadores, fornecendo informações sobre questões de investigação actuais relevantes para as políticas.

Referências

1. Quebral, Nora C. (1972-1973). "O que queremos dizer com- Development Communication [4]?". Revisão do Desenvolvimento Internacional. **15** (2): 25-28.

2. Mefalopulos, Paolo (2008). Development Communication Sourcebook: Broadening the Boundaries of Communication. Washington DC: Banco Internacional para a Reconstrução e o Desenvolvimento/Banco Mundial. p. 224. ISBN 978-0-8213-7522-8.

3. Flor, Alexander G. (2007). Development Communication Praxis, Los Banos, Laguna: Universidade Aberta das Filipinas.

4. Jamias, J.F. Editor. 1975. Readings in Development Communication. Laguna, Filipinas: Departamento de Comunicação para o Desenvolvimento, Faculdade de Agricultura, UPLB.

5. Jamias, J.F. 1991. Escrever para o Desenvolvimento: Focus on Specialized Reporting Areas. Los Baños, Laguna, Filadélfia: Faculdade de Agricultura, UPLB.

6. Melcote, Srinivas R. & Steeves, Leslie, H. 2001. Communication for Development in the Third World: Theory and Practice for Empowerment. 2ª Ed. Londres: Sage Publications, Ltd.

7. Quebral, N. C. (2011). O estilo DevCom Los Banos. Palestra proferida durante o Seminário de Celebração do Doutoramento Honoris Causa, LSE, Universidade de Londres, dezembro de 2011.

8. Quebral, Nora (23 de novembro de 2001). "Comunicação para o desenvolvimento num mundo sem fronteiras". Comunicação apresentada na conferência-workshop nacional sobre o currículo de graduação em comunicação para o desenvolvimento, "New Dimensions, Bold Decisions". Centro de Educação Contínua, UP Los Baños: Departamento de Comunicação Científica, Faculdade de Comunicação para o Desenvolvimento, Universidade das Filipinas em Los Baños. pp. 15-28.

9. Ogan, C.L. (1982). "Jornalismo/comunicação para o desenvolvimento: The status of the concept". International Communication Gazette. **29** (3): 1-13. doi:10.1177/001654928202900101.

10. Manyozo 2006.

11. "A COMUNICAÇÃO PARA O DESENVOLVIMENTO NÃO SE LIMITA A FORNECER INFORMAÇÕES".

12. Centro de Serviços Thusong (outubro de 2000). "Comunicação para o Desenvolvimento - Uma abordagem para um sistema democrático de informação pública". Centro de Serviços Thusong. Recuperado em 16 de outubro de 2012.

13. Bassette, Guy. 2006. People, Land, and Water: Participatory Development Communication for Natural Resource Management. Londres: Earthscan e o Centro Internacional de Investigação para o Desenvolvimento

14. Development Communication Primer. Penang: Southbound. 2012.

15. Felstehausen, H. (janeiro de 1973). "LIMITES CONCEITUAIS DA TEORIA DAS COMUNICAÇÕES DE DESENVOLVIMENTO". Sociologia Ruralis. 1973, Vol. 13 Issue 1, p39. 16p.

16. Mansell, Robin; Marc, Raboy (2011). The Handbook of Global Media and Communication

Policy. Wiley-Blackwell.

17. "Journal of Development Communication, Kuala Lumpur, Malásia". 1991.

18. Thussu, Daya Kishan (2000). Comunicação internacional: Continuity and Change. London: Arnold.

19. Manyozo, Linje (março de 2006). "Manifesto para a Comunicação para o Desenvolvimento": Nora C. Quebral e a Escola de Comunicação para o Desenvolvimento de Los Baños". Jornal Asiático de Comunicação. **16** (1): 79-99. doi:10.1080/01292980500467632.

20. LeãoXIII 1891, p. 144.

21. "João XXIII - Mater et magistra". Vaticano.va. 1961. p. 161. Recuperado em 17 de outubro de 2012.

22. Paulo VI (1967). "Populorum Progressio". Vatican.va. p. 86. Recuperado em 17 de outubro de 2012.

23. "Evangelii nuntiandi - Paolo VI". Vaticano.va. Recuperado em 17 de outubro de 2012.

24. "Redemptoris missio, Carta Encíclica, João Paulo II". Vaticano.va. Recuperado em 17 de outubro de 2012.

25. "Laborem Exercens, Carta Encíclica, João Paulo II, 14 de setembro de 1981". Vatican.va. 14 de setembro de 1981. Recuperado em 17 de outubro de 2012.

26. "Encíclica Pacem in terris de João XXIII, 11 de abril de 1963". Vatican.va. p. 12. Arquivado do original em 28 de setembro de 2012. Recuperado em 17 de outubro de 2012.

27. "Constituição Pastoral sobre a Igreja no mundo contemporâneo - Gaudium et spes". Vatican.va. p. 66. Arquivado do original em 17 de outubro de 2012. Recuperado em 17 de outubro de 2012.

28. Fahey, Tony. A Igreja Católica e a Política Social. Em 'The Furrow'. Vol. 49, No. 4, abril de 1998.

29. Quebral, Nora C. 2007. Reflexões sobre a Comunicação para o Desenvolvimento: Atualização sobre Comunicação para o Desenvolvimento. Em 'Philippine Communication Today'. Maslog, Crispin C. Editor. Cidade de Quezon, Filadélfia: New Day Publishers.

30. Papa João Paulo II. 2002. Discurso aos participantes na Conferência para os agentes da comunicação e da cultura promovida pela Conferência Episcopal Italiana.

31. Manyozo, Linje (2005). "Pioneira do CFSC: Homenagem a Nora Quebral".

32. Manyozo 2005.

33. Arvind Singhal, Everett M. Rogers (1999).Development communication at Google Books, Lawrence ErlbaumAssociates. ISBN 0-8058-3350-1.

34. Arvind Singhal, Michael J. Cody, Everett M. Rogers, Miguel Sabido (2004).Development communication at Google Books Mahwah, NJ: Lawrence Erlbaum Associates. ISBN 08058-4552-6

35. Peirano, Luis. "Análise e opinião da CFSC: Desenvolvendo uma proposta única de comunicação para o desenvolvimento na América Latina". Artigos MAZI. Consórcio de Comunicação para a Mudança Social, Inc. Recuperado em 22 de setembro de 2011.

36. Doron, Assa (2 de abril de 2013). A grande lista telefónica indiana. Imprensa da Universidade de Harvard.

37. Quebral, N.C. (1975). "Comunicação para o desenvolvimento: Onde é que ela se encontra hoje?".

Media Asia. **2** (4): 197-202.

38. Ogan, C. L. (1982). "Joumalismo de DesenvolvimentoZComunicação: The Status of the Concept". International Communication Gazette. **29**: 3-09. doi:10.1177/001654928202900101.

39. Librero, F. (dezembro de 2008). "Comunicação de desenvolvimento ao estilo de Los Baños: Uma história por detrás da história. Comunicação para o desenvolvimento: Olhar para trás, seguir em frente. Simpósio" (PDF). Reunião da Aliança UP de Estudantes de Comunicação para o Desenvolvimento, Faculdade de Comunicação para o Desenvolvimento da UPLB, Los Baños, Laguna, Filipinas. p. 8.

40. Librero 2008, pp. 8-9.

41. Flor, Alexander (1993). "Intervenções a montante e a jusante na comunicação ambiental". Instituto de Comunicação para o Desenvolvimento.

42. http://icdc.eto.ku.ac.th/index.php?option=com_content&view=article&id=119&Itemi d=1

43. Mefalopulos, Paulo. Development Communication Sourcebook: Broadening the Boundaries of Communication. Banco Mundial. Obtido em: http://siteresources.worldbank.org/EXTDEVCOMMENG/Resources/DevelopmentCo mmSourcebook.pdf

44. UNICEF http://www.unicef.org/cbsc/

45. Flor, Alexander; Ongkiko, Ila Virginia (2006). Introduction to Development Communication. SEAMEO Regional Center for Graduate Study and Research and Agriculture e University of the Philippines Open University.

46. Mozammel, Mazud. "Development Communication: Desafios num ambiente de informação capacitado". Recuperado em 28 de agosto de 2012.

47. Centro de Serviços Thusong. "A Iniciativa de Comunicação para o Desenvolvimento do Governo: Uma resposta à comunicação democrática e à participação dos cidadãos na África do Sul". Recuperado em 28 de agosto de 2012.

48. Organização das Nações Unidas para a Alimentação e a Agricultura. "Comunicação: Uma chave para o desenvolvimento humano". Recuperado em 28 de agosto de 2012.

49. Lee, John (1976). Towards Realistic Communication Policies: Recent Trends and Ideas Compiled and Analyzed. Paris: The UNESCO Press.

50. "Registos da Conferência Geral, 16ª Sessão. Resoluções adoptadas pela Conferência e a lista de oficiais das Comissões e Comités. (12 de outubro a 14 de novembro de 1970)" (PDF). Base de dados UNESDOC. Paris, França: UNESCO. 1970. Recuperado em 9 de setembro de 2012.

51. Lee, J. (1976). "Rumo a políticas de comunicação realistas: Tendências e ideias recentes compiladas e analisadas" (PDF). Base de dados UNESDOC. Paris, França: UNESCO. Recuperado em 9 de setembro de 2012.

52. Stapleton, J. (1974). "Políticas de comunicação na Irlanda" (PDF). Base de dados UNESDOC. Paris, França: UNESCO. Recuperado em 9 de setembro de 2012.

53. Furhoff, L. (1974). "Políticas de comunicação na Suécia" (PDF). Base de dados UNESDOC. Paris, França: UNESCO. Recuperado em 9 de setembro de 2012.

54. Szecski, T.; Fedor, G. (1974). "Políticas de comunicação na Hungria" (PDF). UNESDOC Database. Paris, França: UNESCO. Recuperado em 9 de setembro de 2012.

55. Autamovic, M.; M. Marjanovic, S.; Ralic, P. (1975). "Políticas de comunicação na Jugoslávia". Base de dados UNESDOC. Paris, França: UNESCO. Recuperado em 9 de setembro de 2012.

56. Mahler, W.; Richter, R. (1974). "Políticas de comunicação na República Federal da Alemanha" (PDF). Base de dados UNESDOC. Paris, França: UNESCO. Recuperado em 9 de setembro de 2012.

57. de Camargo, N.; Noya Pinto, V. (1975). "Políticas de comunicação no Brasil" (PDF). Base de dados UNESDOC. Paris, França: UNESCO. Recuperado em 9 de setembro de 2012.

58. "Reunião de peritos sobre políticas e planeamento da comunicação. Documento de trabalho. 7-28 de julho de 1972. COM-72/CONF.8/3." (PDF). Banco de dados UNESDOC. Paris, França: UNESCO. Recuperado em 9 de setembro de 2012.

59. Naesselund, G. (1972). "Diretrizes para as políticas de comunicação. Um documento apresentado ao Painel de Reunião da ONU sobre Sistemas de Televisão Instrucional por Satélite" (PDF). Base de dados UNESDOC. Nova Deli, Índia: UNESCO. Recuperado em 9 de setembro de 2012.

60. AMIC

61. Sinha, P.R.R. (1979). "Conferência AMIC-EWCI sobre Abordagens ao Planeamento da Comunicação: Solo, 4-8 de novembro de 1979: [discurso de boas-vindas].". Repositório Digital - Universidade Tecnológica de Nanyang. Paris, França: AMIC. Recuperado em 22 de setembro de 2012.

62. Emery, E. (1979). "Génese e desenvolvimento do planeamento da comunicação no Sudeste Asiático. Na Conferência AMIC-EWCI sobre Abordagens ao Planeamento da Comunicação: Solo, 4-8 de novembro de 1979". Repositório Digital - Universidade Tecnológica de Nanyang. Paris, França: AMIC. Recuperado em 22 de setembro de 2012.

63. Habermann, P.; De Fontgalland, G. (1978). "Development Communication: Rhetoric and Reality", citado por Moemeka, A. (1994) Communicating for Development: A New Pan-Disciplinary Perspective. SUNY Press, pp.194-195.". Singapura: AMIC:

64. Quebral, N.; De Fontgalland, G. (1986). "Valores da formação em comunicação para o desenvolvimento - acompanharam a mudança de paradigma? In AMIC-WACC-WIF Consultation on Beyond Development Communication, Nov 18-22, 1986.". Repositório Digital - Universidade

Tecnológica de Nanyang. Singapura: AMIC. Recuperado em 22 de setembro de 2012.

65. Mehrizi, M. H. R.; Ghasemzadeh, F.; Molas-Gallart, J. (2009). "Stakeholder Mapping as an Assessment Framework for Policy Implementation" [Mapeamento das partes interessadas como um quadro de avaliação para a implementação de políticas]. Avaliação. **15** (4): 427444. doi:10.1177/1356389009341731.

66. Carlsson, L (2000). "Avaliação não hierárquica da política". Avaliação. **6**: 201-216. doi:10.1177/13563890022209217.

67. Flor, Alexander, G. (dezembro de 1991). "Comunicação para o desenvolvimento e as ciências políticas". Journal of Development Communication.

68. UNESCO. "Agências da ONU e Comunicação para o Desenvolvimento". UNESCO. Recuperado em 1 de outubro de 2012.

69. Khadka, N. (1997). "Modos participativos e não participativos de comunicação sobre nutrição num país em desenvolvimento: Um estudo de caso do Nepal". Repositório Institucional da Universidade de Victoria. Victoria, Austrália: Tese de doutoramento não publicada. Recuperado em 4 de outubro de 2012.

70. Keune, R.; Sinha, P.R.R. (1978). "Development Communication Policies and Planning" citado por Habermann, P. e De Fontgalland, G. (1978) Development Communication: Rhetoric and Reality. AMIC, Singapura.". Singapura: AMIC: 30-

71. Van Cuilenburg, J.; McQuail, D. (2003). "Mudanças de paradigma na política dos media: Towards a New Communications Policy Paradigm". Jornal Europeu da Comunicação. **18** (2): 181-207. doi:10.1177/0267323103018002002.

72. Williams, R. (1974). "Televisão: Tecnologia e forma cultural".

73. Hamelink, C.; Nordenstreng, K. (2007). "Rumo a uma governação democrática dos meios de comunicação social. Os media entre a cultura e o comércio".

74. Manyozo, Linje (2011). Rethinking Communication for Development Policy: Some Considerations, em R. Mansell e M. Raboy (eds.), The Handbook of Global Media and Communication Policy, Chichester, West Sussex: Wiley-Blackwell, pp. 319-335.

75. Walaski, P. (2011). Risk and Crisis Communications. Hoboken, NJ: John Wiley and Sons. p. 6.

76. Kreps, G. (2009). Teoria da Comunicação em Saúde. Em Littlejohn, S. e Foss, K. (Eds.), Encyclopedia of Communication Theory. p. 467.

77. Walaski (2011), p. 7.

78. Walaski (2011), p. 8.

79. "Ciências Políticas em Ação".

80. Walaski (2011), p. 9.

81. Flor, Alexander G. (1991). "Development Communication and the Policy Sciences". Journal of Development Communication, Instituto Asiático de Comunicação para o Desenvolvimento, dezembro de 1991.

82. "Fundação de Comunicação para a Ásia | Mídia para o Desenvolvimento Humano Total". cfamedia.org. Recuperado em 2017-05-06.

83. Colebatch, H.K. (2002). Política. PA: Open University Press

84. Flor, A.G. (1991). Development communication and the policy sciences. Journal of DevelopmentCommunication. [1]

85. Lasswell, H. (1969). A Pre-view of policy sciences. http://www.policysciences.org/classics/preview.pdf.

86. Laswell, H.D. (1971). A Preview of Policy Sciences. American Elsevier.

87. Brunner, Ronald (1996). "Introductionto the Policy Sciences". PSCI5076: Introdução às Ciências da Política. Universidade do Colorado. Recuperado em 28 de março de 2016.

88. Ailen (1978), citado em Flor, Alexander (1991). Development Communication and the Policy Sciences. Journal of Development Communication. Kuala Lumpur: Instituto Asiático de Comunicação para o Desenvolvimento

89. Dror, Y (1971). Design for Policy Sciences. Nova Iorque: Elsevier Publishing House.

90. Sutcliffe, Sophie; Court, Julius (2006). A Toolkit for Progressive Policymakers in Developing Countries (PDF). Instituto de Desenvolvimento Ultramarino. ISBN 0 85003 786 7.

91. OECD, CAWTAR (2014). Women in Public Life Gender, Law and Policy in the Middle East and North Africa. Publicações da OCDE, Paris. ISBN 9789264224636.

92. Entidade das Nações Unidas para a Igualdade de Género e o Empoderamento das Mulheres. "Gender Mainstreaming". https://www.un.org/. Ligação externa em | website= (ajuda)

93. UNICEF Filipinas. "Gender Mainstreaming". http://www.unicef.org/. Ligação externa em | website= (ajuda)

94. Klusener, Sebastian. "O papel da comunicação na evolução demográfica". Instituto Max Planck de Investigação Demográfica.

95. Tindall, Natalie T.J. "Going beyond demographics". Diretora de Comunicação.

96. UNESCO (1980). Approaches to Communication Planning. Recuperado de http://unesdoc.unesco.org/images/0004/000424/042484eo.pdf em 28 de novembro de 2015.

97. Melkote, Srinivas R. e Steeves, H Leslie (2001). Communication for Development in the Third World: Theory and practice for empowerment, Nova Deli, Índia: SAGE Publications.

98. Servaes, J., Jacobson, T. L., & White, S. A. (1996). Participatory communication for social change. Nova Deli: Sage Publications.

99. Gill, A., Bunker, D. & Seltsikas, P. (2012). "Avaliação de uma ferramenta de avaliação de tecnologia de comunicação (CTAT): Um caso de uma ferramenta de comunicação baseada em nuvem". aisel.aisnet.org. Recuperado em 29 de fevereiro de 2016.

100. Ely, Adrian, Zwanenberg, Patrick Van, & Stirling, Andrew (2010). Technology Assessment: New Model of Technology Assessment for Development. Acedido em linha a partir de http://steps-centre.org/wp-content/uploads/Technology_Assessment.pdf [24 de abril de 2016]

101. Pathak, R (n.d.). "Social Cost-Benefit Analysis: A Study of Power Subjects". Social Cost-

Benefit Analysis: Um estudo de assuntos de poder. Recuperado em 29 de fevereiro de 2016.

102. Dupuis, Xavier (1985). Applications and Limitations of Cost-Benefit Analysis as Applied to Cultural Development. Um estudo encomendado pela UNESCO. Recuperado online de http://unesdoc.unesco.org/images/0008/000819/081977eo.pdf [24 de abril de 2016].

103. Librero, F (1993). "Para uma metodologia de análise problemática: Uma experiência filipina.". researchgate. Recuperado em 28 de fevereiro de 2016.

104. Moniz, António Brandão (2006). Métodos de Construção de Cenários como Ferramenta para Análise de Políticas. Disponível em:https://www.researchgate.net/publication/200002555_Scenario-Building_Methods_as_a_Tool_for_Policy_Analysis [acedido em 23 de abril de 2016].

105. Turoff, Murray (1975). The Policy Delphi. Em Harold A. Linstone e Murray Turoff (Eds.), The Delphi Method: Techniques and Applications. pp. 80-96. A cópia online foi acedida a partir de http://is.njit.edu/pubs/delphibook/delphibook.pdf [24 de abril de 2016].doi: 10.1088/1748-9326/3/4/045015/pdf

106. http://iopscience.iop.org/article/10.1088/1748-9326/3/4/045015/pdf. Em falta ou vazio | title= (ajuda)

107. "Comunicação ambiental".

108. Hilbert, Martin; Miles, Ian; Othmer, Julia (2009-09-01). "Ferramentas prospectivas para a elaboração participativa de políticas em processos intergovernamentais nos países em desenvolvimento: Lessons learned from the eLAC Policy Priorities Delphi". Technological Forecasting and Social Change. **76** (7): 880-896. doi:10.1016/j.techfore.2009.01.001.

109. Flor, Alexander Gonzalez. "Para além do acesso e da equidade: Distance Learning Models in Asia".

110. WALT, GILL; GILSON, LUCY (1994-12-01). "Reformar o sector da saúde nos países em desenvolvimento: o papel central da análise política". Health Policy and Planning. **9** (4): 353-370. ISSN 0268-1080. doi:10.1093/heapol/9.4.353.

111. Neill, S.D. (1992). Dilemas no estudo da informação: Exploring the Boundaries of Information Science. . Greenwood Publishing Group.

112. Marsden, Paul. "Factos rápidos: Information Overload 2013". Inteligência digital hoje. Recuperado em 25 de abril de 2016.

113. Flor, Alexander (2007). Práxis da Comunicação para o Desenvolvimento. UP Universidade Aberta.

114. UNCTAD-WTO-ITC (2006). Research-based Policy Making: Bridging the Gap between Researchers and Policy Makers, Recommendations for researchers and policy makers arising from the joint UNCTAD-WTO-ITC workshop on trade policy analysis, Geneva, 11-15 September 2006.

115. Flor, Alexander (julho de 2008). Sociedades em desenvolvimento na era da informação: Uma Perspetiva Crítica. Los Baños, Laguna.

116. "Visão geral das tecnologias de informação e comunicação". www.worldbank.org. Recuperado em 2016-03-21.

117. "Série de Realidade Virtual". Recuperado em 2017-04-27.

118. "VR for Impact". www.vrforimpact.com. Recuperado em 2017-04-27.

119. "Realidade Virtual e Comunidades Vulneráveis". www.sdgactioncampaign.org/. Recuperado em 2017-04-27.

120. Projeto Dimitra. "Projeto Dimitra: Comunicar o Género para o Desenvolvimento Rural, Integrar o Género na Comunicação para o Desenvolvimento". Organização para a Alimentação e Agricultura. Recuperado em 26 de abril de 2016.

121. USAID. "Igualdade de Género e Empoderamento das Mulheres". Agência dos Estados Unidos para o Desenvolvimento Internacional. Recuperado em 26 de abril de 2016.

122. NEDA. "Plano de Desenvolvimento a Médio Prazo 2004-2010".

123. Carnoy, Martin; Samoff, Jeff (1990). Education and Social Transformation in the Third World [Educação e Transformação Social no Terceiro Mundo]. Princeton, Nova Jersey: Princeton University Press.

124. http://www.openuni-clsu.edu.ph/openfiles/modules/dc808/Unit%201.doc.
Em falta ou vazio | title= (ajuda)

125. Fraser, Colin; Restrepo-Estrada, Sonia (1998). Communicating for Development. Human Change for Survival. Londres-Nova Iorque: Taurus Publishers.

126. McAuley, J.; Duberley, J.; Johnson, P. (2007). Teoria da organização: Challenges and perspectives. Pearson Education Limited.

127. Barzilai, K. "Teoria das organizações".

128. Quebral, N.C. (2012). Development communication primer. Penang: Southbound.

129. Guru, M.C.P.B. (2016). Applied development communication. Nova Deli: Dominant Publisher and Distributions Pte Ltd.

130. Bourn, D (2015). A teoria e a prática da comunicação para o desenvolvimento: Uma pedagogia para a justiça social global. Londres: Routledge.

131. Flynn, N.; Asquer, A. (2017). Public sector management. Londres: Sage Publications Ltd.

132. Chakrabarty, B.; Chand, P. (2016). Public policy: Concept, theory, and practice. Nova Deli: Sage Publications India Pte Ltd.

133. Lowell C. Matthews e Bharat Thakkar (2012). The Impact of Globalization on Cross-Cultural Communication, Globalização - Agendas de Educação e Gestão, Dr. Hector Cuadra-Montiel (Ed.), InTech, DOI: 10.5772/45816. Disponível em: http://www.intechopen.com/books/globalization-education-and-management-agendas/the- impacto-da-globalização-na-comunicação-cultural-cruzada

134. Yoon, C. (1996). -Comunicação participativa para o desenvolvimento . | | http://www.southbound.com.my/communication/parcom.htm Recuperado em 24 de março de 2016

135. Servaes, J. e Malikhao, P. (2005). -Comunicação participativa: o novo paradigma?| 91-103 http://bibliotecavirtual.clacso.org.ar/ar/libros/edicion/media/09Chapter5.pdfRetrieved 9 de abril de

2016

136. AMARC. (1991). Actas do seminário: Comunicação participativa e desenvolvimento de rádios comunitárias, Montreal, 11 e 12 de abril de 1991, AMARC Montreal, Canadá

137. Jayaweera, W. e Tabing, L. (1997). -As aldeias encontram a sua voz: A rádio traz empowerment para as comunidades rurais nas Filipinas | . UNESCO Courier, 34-35. https://www.questia.com/magazine/1G1-19278043/villages-find-their-voice-radio- brings-empowerment

138. Howley, K. (2005). -Wireless world: Perspectivas globais sobre a rádio comunitária | | . Revista Transformational. Edição No.10. http://www.transformationsjournal.org/issues/10/article_01.shtml

139. Mhagama, Peter Matthews. (2015). A rádio comunitária como uma ferramenta para o desenvolvimento: Um estudo de caso de estações de rádio comunitárias no Malawi. (Ph.D). Universidade de Leicester. https://lra.le.ac.Uk/bitstream/2381/32447/1/Thesis.pdfRetrieved 22 de março de 2016

140. Birkland, Thomas A. (2010-01-01). An Introduction to the Policy Process: Theories, Concepts, and Models of Public Policy Making. M.E. Sharpe. ISBN 9780765627315.

141. Fischer, Frank (2007). Handbook of Public Policy Analysis. Boca Raton, FL: CSC Press. pp. 72-82. ISBN 1-57444-561-8.

142. Rogers, E 2006, 'Communication and development: The passing of the dominant paradigm", in A Gumucio-Dagron e T Tufte (eds.), Communication for social change anthology: Historical and contemporary readings, Communication for Social Change Consortium, Estados Unidos da América, pp. 110-126. [2]

143. Quebral, NC 2006,- Development communication in the agricultural context (1971, with a new foreword)[4], Asian Journal of Communication, vol. 16, no. 1, pp. 100-107. [3]

144. Sloman, Annie. (2011). Using Participatory Theatre in International Community Development, Community Development Journal.

145. Gumucio-Dagron, Alfonso & Tufte, Thomas (Eds.). (2006). Antologia da comunicação para a mudança social: Leituras históricas e contemporâneas. Consórcio Comunicação para a Mudança Social.

146. Hedebro, Goran. (1982). Communication and social change in developing nations: A critical view. Ames, IA: Iowa State University Press.

147. McPhail, Thomas. (2009). Development communication: Reframing the role of the media. Londres, Reino Unido: Wiley-Blackwell.

148. Ramiro Beltran, Luis (1980). "Um adeus a Aristóteles: a comunicação horizontal". Comunicação. **5**: 5-41.

149. Rogers, Everett M (1976). "Comunicação e desenvolvimento: A passagem de um paradigma dominante". CommunicationResearch. **3** (2): 213-240. doi:10.1177/009365027600300207.

150. Rogers, Everett M. (1989). Inquiry in development communication. Em Molefi Kete Asante & William B. Gudykunst (Eds.), Handbook of international and intercultural communication (pp. 67-85). Newbury Park, CA: Sage.

151. Melody, William (2011). The Handbook of Global Media and Communication Policy. Wiley-Blackwell.

152. Sourbati, Maria (2012). "Comunicações incapacitantes? A Capabilities Perspective on Media Access, Social Inclusion and Communication Policy". Sociedade da Cultura dos Media. Publicações SAGE.

153. Sen, A. (1992). Inequality Reexamined. Oxford University Press.

154. Sen, A. (1999). Development as Freedom. Oxford University Press.

155. Pandian, Hannah (1999). "Engendering Communication Policy: Key Issues in the International Women-and-the-media Arena and Obstacles to Forging and Enforcing Policy". Media Culture Society. Publicações SAGE.

156. Comissão dos Legisladores das Filipinas[4] sobre a Fundação para a População e o Desenvolvimento,

Inc (2003). "Gender and ICT in the Philippines: A Proposed Framework".

157. Anand, Anita (1993). "Passar da alternativa ao mainstream para uma nova perspetiva de género".

158. Gallagher, Margaret (2011). The Handbook of Global Media and Communication Policy. Wiley-Blackwell.

159. Young, David (2003). "Discourses on Communication Technologies in Canadian and European Broadcasting Policy Debates". Jornal Europeu da Comunicação. Publicações SAGE.

160. Flor, Alexander G. (1995). Development Communication Praxis. Universidade Aberta das Filipinas.

161. Karim, Karim H. (2011). The Handbook of Global Media and Communication Policy [Manual da política global dos media e da comunicação]. Wiley-Blackwell.

162. -Molly J. Simis, Haley Madden, Michael A. Cacciatore, e Sara K. Yeo -The lure of rationality: Porque é que o modelo do défice persiste na comunicação científica? | | Public Understanding of Science maio de 2016 25: 400-414, doi:10.1177/0963662516629749

163. Associação para Comunicações Progressivas

164. Faculdade de Comunicação para o Desenvolvimento, Universidade das Filipinas Los Banos

165. Rede de Iniciativas de Comunicação

166. Consórcio de Comunicação para a Mudança Social

167. Iniciativa de Comunicação para o Desenvolvimento Sustentável

168. Comunicação para o desenvolvimento Fóruns em linha

169. "Major Trends in Development Communication", Centro Internacional de Investigação sobre o Desenvolvimento, Canadá

170. Comunicação do Banco Mundial sobre o desenvolvimento

CAPÍTULO- 2

COMUNICAÇÃO NÃO-VERBAL

DEFINIÇÃO

Um processo pelo qual as pessoas, através da manipulação intencional ou não intencional de acções e expectativas normativas, expressam experiências, sentimentos e atitudes para se relacionarem e controlarem a si próprias, aos outros e aos seus ambientes.

Ligações [relações] entre a comunicação não-verbal e a comunicação verbal Complementar, contraditória, contraditória, de substituição, de acentuação

REGRAS NÃO-VERBAIS

A comunicação não-verbal deve ser lida em **grupos.**

A comunicação não-verbal é específica de cada cultura.

CATEGORIAS NÃO VERBAIS Cinésica - linguagem corporal Oculésica [ocalics] - uso dos olhos Proxémica - uso do espaço Haptics - comportamento de toque Vocalics [paravocalics ou paralanguage] não é o que se diz mas COMO se diz kinesics Inclui gestics, facsics, sincronia corporal, atratividade, altura, constituição Os gestos relacionados com a fala podem ser Emblemas Ilustradores Reguladores Afectam os ecrãs Adaptadores oculares -Os olhos

são as janelas da alma. Y

O contacto visual é MUITO determinado culturalmente. Proxémica Territorialidade Especial

Distâncias na América Zona íntima (0' - 18 | |) Zona pessoal (18 | | - 4')

Zona social (4'-12')

Zona pública (12' - ∞)

Dizemos que a bolha pessoal de uma pessoa é de 3 pés. Este é um diâmetro de zona íntima.

Ecologia de pequenos grupos

hápticos

Em quem se pode tocar? Quando é que se pode tocar? Como é que se pode tocar em vocalic? O texto combina dois nomes comuns num só: vocalic e paralanguage prevocalic. Trata-se de todos os aspectos da voz, para além das palavras propriamente ditas. Objectores[i]

Comunicação através da utilização de artefactos.

Comunicar o estado civil

Situação económica

Estatuto social/filiação

Personalidade

Comunicação não-verbal

Inclui a utilização de pistas visuais, como a linguagem corporal (cinésica), a distância (proxémica) e o ambiente físico/aparência, a voz (paralinguagem) e o tato (háptica).^1^ Pode também incluir a cromática (utilização do tempo) e a ocular (contacto visual e as acções de olhar enquanto se fala e ouve, frequência dos olhares, padrões de fixação, dilatação da pupila e ritmo dos pestanejos).

Tal como a fala contém elementos não-verbais conhecidos como paralinguagem, incluindo a qualidade da voz, a cadência, o tom, o volume e o estilo de fala, bem como caraterísticas prosódicas como o ritmo, a entoação e a acentuação, também os textos escritos têm elementos não-verbais como o estilo da caligrafia, a disposição espacial das palavras ou a disposição física de uma página. No entanto, grande parte do estudo da comunicação não-verbal tem-se centrado na interação entre indivíduos, onde pode ser classificada em três áreas principais: condições ambientais onde a comunicação tem lugar, caraterísticas físicas dos comunicadores e comportamentos dos comunicadores durante a interação.

A comunicação não-verbal envolve os processos conscientes e inconscientes de codificação e descodificação. A codificação é o ato de gerar informação, como expressões faciais, gestos e posturas. A codificação da informação utiliza sinais que podemos considerar universais. A descodificação é a interpretação da informação a partir das sensações recebidas e dadas pelo codificador. A descodificação da informação utiliza o conhecimento que se pode ter de certas sensações recebidas. Por exemplo, veja a imagem acima. O codificador levanta dois dedos e o descodificador pode saber, por experiência anterior, que isso significa dois.

Apenas uma pequena percentagem do cérebro processa a comunicação verbal. Enquanto bebés, a comunicação não-verbal é aprendida a partir da comunicação sócio-emocional, tornando o rosto e não a voz o canal de comunicação dominante. À medida que as crianças se tornam comunicadores verbais, começam a olhar para as expressões faciais, tons vocais e outros elementos não-verbais de forma mais subconsciente

A cultura desempenha um papel importante na comunicação não-verbal e é um aspeto que ajuda a influenciar a forma como as actividades de aprendizagem são organizadas. Em muitas comunidades indígenas americanas, por exemplo, dá-se frequentemente ênfase à comunicação não-verbal, que actua como um meio valioso para a aprendizagem das crianças. Neste sentido, a aprendizagem não depende da comunicação verbal; pelo contrário, é a comunicação não-verbal que serve como meio principal não só de organizar as interações interpessoais, mas também de transmitir valores culturais, e as crianças aprendem a participar neste sistema desde tenra idade.

A comunicação não-verbal representa dois terços de toda a comunicação. A comunicação não-verbal pode transmitir uma mensagem tanto vocalmente como através de sinais ou gestos corporais corretos. Os sinais corporais incluem caraterísticas físicas, gestos e sinais conscientes e inconscientes, e a mediação do espaço pessoal. A mensagem errada também pode ser estabelecida se a linguagem corporal transmitida não corresponder a uma mensagem verbal. A comunicação não-verbal reforça a primeira impressão em situações comuns, como atrair um parceiro ou numa entrevista de negócios: as impressões são formadas, em média, nos primeiros quatro segundos de contacto. Os primeiros encontros ou interações com outra pessoa afectam fortemente a perceção de uma pessoa. Quando a outra pessoa ou grupo está a absorver a mensagem, está concentrada em todo o ambiente à sua volta, o que significa que a outra pessoa utiliza os cinco sentidos na interação: 83% visão, 11% audição, 3% olfato, 2% tato e 1% paladar. Muitas culturas indígenas utilizam a comunicação não-verbal para integrar as crianças desde tenra idade nas suas práticas culturais. As crianças destas comunidades

A equipa observa e participa, sendo a comunicação não-verbal um aspeto fundamental da observação.

História da investigação

A investigação científica sobre comunicação e comportamento não-verbais teve início em 1872 com a publicação do livro de Charles Darwin, The Expression of the Emotions in Man and Animals. No livro, Darwin argumentou que todos os mamíferos, tanto humanos como animais, demonstravam emoções através de expressões faciais. Colocou questões como: "Porque é que as nossas expressões faciais das emoções assumem as formas particulares que assumem?" e "Porque é que enrugamos o nariz quando estamos enojados e abrimos os dentes quando estamos enfurecidos? Darwin atribuiu estas expressões faciais a hábitos associados úteis, que são comportamentos que, no início da nossa história evolutiva, tinham funções específicas e diretas. Por exemplo, numa espécie que atacava mordendo, mostrar os dentes era um ato necessário antes de uma agressão e enrugar o nariz reduzia a inalação de odores desagradáveis. Em resposta à questão de saber porque é que as expressões faciais persistem mesmo quando já não servem os seus objectivos originais, os antecessores de Darwin desenvolveram uma explicação muito apreciada. De acordo com Darwin, os seres humanos continuam a fazer expressões faciais porque estas adquiriram valor comunicativo ao longo da história evolutiva. Por outras palavras, os humanos utilizam as expressões faciais como evidência externa do seu estado interno. Embora The Expression of the Emotions in Man and Animals não tenha sido um dos livros mais bem sucedidos de Darwin em termos de qualidade e impacto global no campo, as suas ideias iniciais deram início à abundância de investigação sobre os tipos, efeitos e expressões da comunicação e comportamento não-verbais.

Apesar da introdução da comunicação não-verbal no século XIX, o surgimento do behaviorismo na década de 1920 impediu a continuação da investigação sobre a comunicação não-verbal. O behaviorismo é definido como a teoria da aprendizagem que descreve o comportamento das pessoas como sendo adquirido através do condicionamento. Behavioristas como B.F. Skinner treinaram pombos para se envolverem em vários comportamentos para demonstrar como os animais se envolvem em comportamentos com recompensas.

Enquanto a maioria dos investigadores em psicologia estava a explorar o behaviorismo, o estudo da comunicação não-verbal começou em 1955 por Adam Kendon, Albert Scheflen e Ray Birdwhistell. Eles analisaram um filme usando um método analítico chamado análise de contexto. A análise do contexto é o método de transcrição dos comportamentos observados para uma folha de codificação. Este método foi mais tarde utilizado para estudar a sequência e a estrutura dos cumprimentos humanos, os comportamentos sociais em festas e a função da postura durante a interação interpessoal. Birdwhistell foi pioneiro no estudo original da comunicação não-verbal, a que chamou cinesia. Calculou que os seres humanos podem fazer e reconhecer cerca de 250.000 expressões faciais.

A investigação sobre a comunicação não-verbal disparou em meados dos anos 60 por vários psicólogos e investigadores. Argyle e Dean, por exemplo, estudaram a relação entre o contacto visual e a distância de conversação. Ralph V. Exline examinou os padrões de olhar enquanto fala e olhar enquanto ouve. Eckhard Hess produziu vários estudos relativos à dilatação da pupila que foram publicados na Scientific American. Robert Sommer estudou a relação entre o espaço pessoal e o ambiente.vRobert Rosenthal descobriu que as expectativas dos professores e investigadores podem influenciar os seus resultados e que as pistas subtis e não verbais podem desempenhar um papel importante neste processo. Albert

Mehrabian estudou os sinais não verbais de agrado e imediatismo. Na década de 1970, vários volumes académicos em psicologia resumiam o crescente corpo de pesquisa, como Nonverbal Communication de Shirley Weitz e Moving Bodies de Marianne LaFrance e Clara Mayo. Livros populares incluíam Body Language (Fast, 1970), que se concentrava em como usar a comunicação não-verbal para atrair outras pessoas, e How to Read a Person Like a Book (Nierenberg & Calero, 1971), que examinava o comportamento não-verbal em situações de negociação. O Journal of Environmental Psychology e o Nonverbal Behavior também foram fundados em 1978.

O pioneiro F-M Facial Action Coding System 2.0 (F-M FACS 2.0) foi criado em 2017 pelo Dr. Freitas-Magalhaes, e apresenta cerca de 2.000 segmentos em 4K, utilizando tecnologia 3D e reconhecimento automático e em tempo real.

Primeira impressão

É preciso apenas um décimo de segundo para que alguém julgue e cause a sua primeira impressão. A primeira impressão é um comunicador não verbal duradouro. A forma como uma pessoa se apresenta no primeiro encontro é uma declaração não verbal para o observador. "As primeiras impressões são impressões duradouras". Pode haver impressões positivas e negativas. As impressões positivas podem ser causadas pela forma como as pessoas se apresentam A apresentação pode incluir vestuário e outros atributos visíveis. As impressões negativas também se podem basear na apresentação e também nos atributos pessoais.

preconceito. As primeiras impressões, embora por vezes enganadoras, podem, em muitas situações, ser uma descrição exacta dos outros.

Postura

Existem muitos tipos diferentes de posicionamento do corpo para retratar determinadas posturas, incluindo a postura desleixada, a postura de torre, as pernas abertas, a mandíbula, os ombros para a frente e o cruzamento de braços. A postura ou a posição corporal exibidas pelos indivíduos comunicam uma variedade de mensagens, sejam elas boas ou más. A postura pode ser utilizada para determinar o grau de atenção ou envolvimento de um participante, a diferença de estatuto entre os comunicadores e o nível de afeto que uma pessoa tem pelo outro comunicador, dependendo da "abertura" do corpo. Os estudos que investigam o impacto da postura nas relações interpessoais sugerem que as posturas congruentes em imagem de espelho, em que o lado esquerdo de uma pessoa é paralelo ao lado direito da outra, conduzem a uma perceção favorável dos comunicadores e a um discurso positivo; uma pessoa que mostra uma inclinação para a frente ou diminui uma inclinação para trás também

significa um sentimento positivo durante a comunicação. A postura pode ser relacionada com a situação, ou seja, as pessoas mudam a sua postura consoante a situação em que se encontram.

Vestuário

O vestuário é uma das formas mais comuns de comunicação não verbal. O estudo do vestuário e de outros objectos como meio de comunicação não verbal é conhecido como artefactual ou objectual. Os tipos de vestuário que um indivíduo usa transmitem pistas não-verbais sobre a sua personalidade, antecedentes e situação financeira, e sobre a forma como os outros reagirão a eles. O estilo de vestuário de um indivíduo pode demonstrar a sua cultura, humor, nível de confiança, interesses, idade, autoridade e valores/crenças. Por exemplo, os homens judeus podem usar um yarmulke para comunicar exteriormente a sua crença religiosa. Da mesma forma, o vestuário pode comunicar a nacionalidade de uma pessoa ou de um grupo. Por exemplo, em festividades tradicionais, os homens escoceses usam frequentemente kilts para especificar a sua cultura.

Para além de comunicar as crenças e a nacionalidade de uma pessoa, o vestuário pode ser utilizado como uma pista não-verbal para atrair outros. Os homens e as mulheres podem-se regalar com acessórios e moda de alta gama para atrair os parceiros que lhes interessam. Neste caso, o vestuário é utilizado como uma forma de auto-expressão em que as pessoas podem exibir o seu poder, riqueza, sex appeal ou criatividade. Um estudo sobre o vestuário usado pelas mulheres que frequentam discotecas, realizado em Viena, Áustria, mostrou que, em certos grupos de mulheres (especialmente mulheres que não tinham parceiro), a motivação para o sexo e os níveis de hormonas sexuais estavam correlacionados com aspectos do vestuário, especialmente a quantidade de pele à mostra e a presença de roupa transparente.

A forma como uma pessoa escolhe vestir-se diz muito sobre a sua personalidade. De facto, foi realizado um estudo na Universidade da Carolina do Norte, que comparou a forma como as mulheres universitárias escolhiam vestir-se e os seus tipos de personalidade. O estudo mostrou que as mulheres que se vestiam "principalmente para conforto e praticidade eram mais autocontroladas, confiáveis e socialmente bem ajustadas" ("Sarasota Journal" 38). As mulheres que não gostavam de se destacar no meio da multidão tinham opiniões e crenças tipicamente mais conservadoras e tradicionais. O vestuário, embora não verbal, diz às pessoas como é a personalidade do indivíduo. A forma como uma pessoa se veste tem normalmente origem em motivações internas mais profundas, tais como emoções, experiências e cultura. O vestuário exprime quem a pessoa é, ou mesmo quem ela quer ser nesse dia. Mostra às outras pessoas com quem se quer associar e onde se enquadra. O vestuário pode iniciar relações, porque dá a conhecer às outras pessoas como é o utilizador ("Sarasota Journal" 38)

Gestos

Os gestos podem ser feitos com as mãos, os braços ou o corpo, e incluem também movimentos da cabeça, do rosto e dos olhos, como piscar, acenar com a cabeça ou revirar os olhos. Embora o estudo dos gestos ainda esteja a dar os primeiros passos, os investigadores identificaram algumas categorias gerais de gestos. As mais conhecidas são os chamados emblemas ou gestos citáveis. Trata-se de gestos convencionais, específicos de uma cultura, que podem ser utilizados como substitutos de palavras, como o aceno de mão utilizado nas culturas ocidentais para "olá" e "adeus". Um único gesto emblemático pode ter um significado muito diferente em diferentes contextos culturais, variando de elogioso a altamente ofensivo. Para obter uma lista de gestos emblemáticos, consulte Lista de gestos. Existem alguns gestos universais, como o encolher de ombros

Os gestos também podem ser classificados como independentes do discurso ou relacionados com o discurso. Os gestos independentes da fala dependem de uma interpretação culturalmente aceite e têm uma relação direta com o discurso.

tradução verbal. Um aceno ou um sinal de paz são exemplos de gestos independentes da fala. Os gestos relacionados com o discurso são utilizados em paralelo com o discurso verbal; esta forma de comunicação não-verbal é utilizada para enfatizar a mensagem que está a ser comunicada. Os gestos relacionados com a fala destinam-se a fornecer informações suplementares a uma mensagem verbal, como apontar para um objeto de discussão.

As expressões faciais, mais do que qualquer outra coisa, servem como um meio prático de comunicação. Com todos os vários músculos que controlam com precisão a boca, os lábios, os olhos, o nariz, a testa e o maxilar, estima-se que o rosto humano seja capaz de mais de dez mil expressões diferentes. Esta versatilidade torna as expressões não verbais do rosto extremamente eficientes e honestas, a menos que sejam deliberadamente manipuladas. Para além disso, muitas destas emoções, incluindo a felicidade, a tristeza, a raiva, o medo, a surpresa, o nojo, a vergonha, a angústia e o interesse, são universalmente reconhecidas.

As manifestações de emoções podem geralmente ser classificadas em dois grupos: negativas e positivas. As emoções negativas manifestam-se normalmente por um aumento da tensão em vários grupos musculares: aperto dos músculos do maxilar, franzir da testa, olhos semicerrados ou oclusão dos lábios (quando os lábios parecem desaparecer). Em contrapartida, as emoções positivas são reveladas pelo afrouxamento das linhas sulcadas da testa, pelo relaxamento dos músculos à volta da boca e pelo alargamento da área dos olhos. Quando os indivíduos estão verdadeiramente relaxados e à vontade, a cabeça também se inclina para o lado, expondo a nossa zona mais vulnerável, o pescoço. Esta é uma demonstração de grande conforto, frequentemente vista durante o namoro, que é quase impossível de imitar quando se está tenso ou desconfiado.

Os gestos podem ser subdivididos em três grupos:

Adaptadores

Alguns movimentos das mãos não são considerados gestos. Consistem em manipulações da pessoa ou de algum objeto (por exemplo, roupa, lápis e óculos), como coçar, mexer, esfregar, bater e tocar, que as pessoas fazem frequentemente com as mãos. Estes comportamentos são designados por adaptadores. Podem não ser percepcionados como estando significativamente relacionados com o discurso que acompanham, mas podem servir de base para inferências disposicionais sobre a emoção do orador (nervoso, desconfortável, aborrecido).

Simbólico

Outros movimentos das mãos são considerados gestos. São movimentos com significados específicos e convencionalizados chamados gestos simbólicos. Os gestos simbólicos mais conhecidos incluem o "punho levantado", "adeus" e "polegar para cima". Ao contrário dos adaptadores, os gestos simbólicos são utilizados intencionalmente e têm uma função comunicativa clara. Cada cultura tem o seu próprio conjunto de gestos, alguns dos quais são exclusivos de uma cultura específica. Gestos muito semelhantes podem ter significados muito diferentes consoante as culturas. Os gestos simbólicos são normalmente utilizados na ausência de discurso, mas também podem acompanhar o discurso.

Conversação

O meio-termo entre os adaptadores e os gestos simbólicos é ocupado pelos gestos de conversação. Estes gestos não se referem a acções ou palavras, mas acompanham o discurso. Os gestos de conversação são movimentos das mãos que acompanham o discurso e estão relacionados com o discurso que acompanham. Embora acompanhem o discurso, os gestos de conversação não são vistos na ausência de discurso e são feitos apenas pela pessoa que está a falar.

Distância

Segundo Edward T. Hall, a quantidade de espaço que mantemos entre nós e as pessoas com quem estamos a comunicar mostra a importância da ciência da proxémica. Neste processo, é possível ver como nos sentimos em relação aos outros num determinado momento. Na cultura americana, Hall define quatro zonas de distância primárias: (i) distância íntima (tocar até dezoito polegadas), (ii) distância pessoal (dezoito polegadas a quatro pés), (iii) distância social (quatro a doze pés) e (iv) distância pública (mais de doze pés). A distância íntima é considerada apropriada para relações familiares e indica proximidade e confiança. A distância pessoal continua a ser próxima, mas mantém a outra pessoa "à distância de um braço". A distância mais confortável para a maior parte do nosso contacto interpessoal, a distância social é utilizada para o tipo de comunicação que ocorre nas relações comerciais e, por vezes, na sala de aula. A distância pública ocorre em situações em que a comunicação bidirecional não é desejável ou possível.

Contacto visual

O contacto visual é o momento em que duas pessoas olham para os olhos uma da outra ao mesmo tempo; é a principal forma não-verbal de indicar empenho, interesse, atenção e envolvimento. Alguns estudos demonstraram que as pessoas usam os olhos para indicar interesse. O desinteresse é altamente percetível quando há pouco ou nenhum contacto visual num ambiente social. No entanto, quando uma pessoa está interessada, as pupilas dilatam-se.

De acordo com Eckman, "o contacto visual (também chamado olhar mútuo) é outro canal importante da comunicação não-verbal. A duração do contacto visual é o seu aspeto mais significativo". De um modo geral, quanto mais tempo for estabelecido o contacto visual entre duas pessoas, maior será o nível de intimidade. O olhar compreende as acções de olhar enquanto se fala e se ouve. A duração do olhar, a frequência dos olhares, os padrões de fixação, a dilatação da pupila e o ritmo dos pestanejos são pistas importantes na comunicação não-verbal. "O gosto geralmente aumenta à medida que o olhar mútuo aumenta".

Para dissimular o engano, a comunicação não-verbal facilita a mentira sem ser revelada. Esta é a conclusão de um estudo em que se assistiu a entrevistas inventadas de pessoas acusadas de terem roubado uma carteira. Os entrevistados mentiram em cerca de 50% dos casos. As pessoas tinham acesso à transcrição escrita das entrevistas, a gravações áudio ou a gravações vídeo.

Entre culturas

Embora não seja tradicionalmente considerada como "conversa", verificou-se que a comunicação não-verbal contém significados altamente precisos e simbólicos, semelhantes ao discurso verbal. No entanto, os significados da comunicação não-verbal são transmitidos através da utilização de gestos, mudanças de postura e tempo. As nuances dos diferentes aspectos da comunicação não-verbal podem ser encontradas em culturas de todo o mundo. Estas diferenças podem muitas vezes levar a erros de comunicação entre pessoas de culturas diferentes, que normalmente não têm intenção de ofender. As diferenças podem basear-se em preferências quanto ao modo de comunicação, como é o caso dos chineses, que preferem o silêncio à comunicação verbal

Gestos

Os gestos variam muito de cultura para cultura no que respeita à forma como são utilizados e ao seu significado. Um exemplo comum é apontar. Nos Estados Unidos, apontar é o gesto de um dedo ou de uma mão para indicar ou

"vem cá, por favor" quando se está a chamar um cão. Mas apontar com um dedo também é considerado rude por algumas culturas. As pessoas de culturas asiáticas utilizam normalmente a mão inteira para apontar para algo. Outros exemplos incluem pôr a língua de fora. Nos países ocidentais, pode ser visto como uma zombaria, mas na Polinésia serve como uma saudação e um sinal de reverência. Bater palmas é uma forma norte-americana de aplaudir, mas em Espanha é utilizado para chamar um empregado de mesa num restaurante. Também existem diferenças entre acenar e abanar a cabeça para indicar concordância e discordância. Os europeus do Norte acenam com a cabeça para cima e para baixo para dizer "sim" e abanam a cabeça de um lado para o outro para dizer "não". Mas os gregos utilizam, há pelo menos três mil anos, o aceno de cabeça para cima para discordar e o aceno de cabeça para baixo para concordar.

Manifestações de emoção

As emoções são um fator-chave na comunicação não-verbal. Tal como os gestos e outros movimentos das mãos variam consoante as culturas, o mesmo acontece com a forma como as pessoas demonstram as suas emoções. Por exemplo, "Em muitas culturas, como a árabe e a iraniana, as pessoas expressam o luto abertamente. Choram em voz alta, enquanto nas culturas asiáticas, a crença geral é que é inaceitável mostrar emoções abertamente." Para as pessoas dos países ocidentalizados, o riso é um sinal de divertimento, mas em algumas partes de África é um sinal de espanto ou embaraço. A expressão emocional varia consoante a cultura Os nativos americanos tendem a ser mais reservados e menos expressivos com as emoções. Os toques frequentes são comuns para os chineses; no entanto, acções como tocar, dar palmadinhas, abraçar ou beijar na América são menos frequentes e não são muitas vezes exibidas publicamente.

Acções não-verbais

De acordo com Matsumoto e Juang, os movimentos não-verbais de diferentes pessoas indicam importantes canais de comunicação. As acções não-verbais devem corresponder e harmonizar-se com a mensagem que está a ser transmitida, caso contrário, haverá confusão. Por exemplo, um indivíduo normalmente não seria visto a sorrir e a gesticular amplamente quando está a dizer uma mensagem triste. O autor afirma que é muito importante ter consciência da comunicação não-verbal, especialmente se compararmos gestos, olhares e tom de voz entre culturas diferentes. Enquanto as culturas latino-americanas adoptam grandes gestos para falar, as culturas do Médio Oriente são relativamente mais modestas em público e não são expressivas. Dentro das culturas, existem regras diferentes relativamente ao olhar fixo. As mulheres podem evitam especialmente o contacto visual com os homens porque pode ser entendido como um sinal de interesse sexual. Nalgumas culturas, o olhar pode ser visto como um sinal de respeito. Na cultura ocidental, o contacto visual é interpretado como atenção e honestidade. Nas culturas hispânica, asiática, do Médio Oriente e nativa americana, o contacto visual é considerado desrespeitoso ou rude, e a falta de contacto visual não significa que a pessoa não esteja a prestar atenção. A voz é uma categoria que muda consoante as culturas. Dependendo do facto de a cultura ser expressiva ou não expressiva, muitas variantes da voz podem representar reacções diferentes.

A distância física aceitável é outra grande diferença na comunicação não-verbal entre culturas. Na América Latina e no Médio Oriente, a distância aceitável é muito mais curta do que aquela com que a maioria dos europeus e americanos se sente confortável. É por isso que um americano ou um europeu pode perguntar-se porque é que a outra pessoa está a invadir o seu espaço pessoal ao estar tão perto, enquanto a outra pessoa pode perguntar-se porque é que o americano-europeu está tão longe dele. Além disso, para os latino-americanos, os franceses, os italianos e os árabes, a distância entre as pessoas é muito menor do que a distância para os americanos; em geral, para estes grupos de pessoas próximas, 1 pé de distância é para os amantes, 1,5-4 pés de distância é para a família e amigos, e 4-12 pés é para estranhos. Pelo contrário, a maioria dos nativos americanos valoriza a distância para os proteger.

A aprendizagem das crianças nas comunidades indígenas americanas

A comunicação não-verbal é normalmente utilizada para facilitar a aprendizagem nas comunidades indígenas americanas. A comunicação não-verbal é fundamental para a participação colaborativa em actividades partilhadas, uma vez que as crianças das comunidades indígenas americanas aprendem a interagir utilizando a comunicação não-verbal através da observação atenta dos adultos. A comunicação não-verbal permite uma observação atenta contínua e assinala ao aluno quando é necessária a sua participação. Num estudo sobre crianças de origem mexicana (com presumíveis antecedentes indígenas) e europeia, que viram um vídeo de crianças a trabalhar em conjunto sem falar, verificou-se que as crianças de origem mexicana tinham muito mais probabilidades de descrever as acções das crianças como colaborativas, dizendo que as crianças no vídeo estavam "a falar com as mãos e com os olhos".

Uma caraterística fundamental deste tipo de aprendizagem não-verbal é que as crianças têm a oportunidade de observar e interagir com todas as partes de uma atividade. Muitas crianças indígenas americanas estão em contacto estreito com adultos e outras crianças que estão a realizar as actividades que acabarão por dominar. Os objectos e os materiais tornam-se familiares para a criança, uma vez que as actividades são uma parte normal da vida quotidiana. A aprendizagem é feita num ambiente extremamente contextualizado e não num ambiente especificamente concebido para ser instrutivo. Por exemplo, o envolvimento direto que as crianças Mazahua têm no mercado é utilizado como um tipo de organização interaccional para a aprendizagem sem instrução verbal explícita. As crianças aprendem a gerir uma banca de mercado, participam na prestação de cuidados e também aprendem outras responsabilidades básicas através de actividades não estruturadas, cooperando voluntariamente num contexto motivacional para participar. O facto de não dar instruções ou orientações explícitas às crianças ensina-as a integrarem-se em pequenos grupos coordenados para resolverem um problema através do consenso e do espaço partilhado. Estas práticas Mazahua de separar mas juntar mostraram que a participação na interação quotidiana e nas actividades de aprendizagem posteriores estabelece uma enculturação que está enraizada na experiência social não-verbal. À medida que as crianças participam nas interações quotidianas, estão simultaneamente a aprender os significados culturais subjacentes a essas interações. A experiência das crianças com a interação social organizada de forma não-verbal ajuda a constituir o processo de enculturação.

Em Tzotzil, os bebés Zinacantec comunicam com os seus cuidadores através de meios não-verbais que os incorporam no tecido social da comunidade e lhes dão a oportunidade de serem participantes sociais na comunidade. As crianças pequenas são integradas nas conversas entre adultos, uma vez que estes interpretam uns aos outros a linguagem não-verbal da criança, e são participantes laterais e destinatários em comunicações a dois e a vários níveis. Este envolvimento dos bebés nas conversas dos adultos e nas interações sociais influencia o desenvolvimento das crianças nessas comunidades, uma vez que estas são capazes de assumir um papel ativo na aprendizagem desde a infância.

Nalgumas comunidades indígenas das Américas, as crianças referiram que uma das suas principais razões para trabalhar em casa era construir a unidade no seio da família, da mesma forma que desejam construir a solidariedade nas suas próprias comunidades. A maior parte das crianças indígenas aprende a importância de realizar este trabalho sob a forma de comunicação não-verbal. A prova disso pode ser observada num estudo de caso em que as crianças são guiadas através da tarefa de dobrar uma figura de papel observando

a postura e o olhar daqueles que os guiam através dela. Isto projecta-se nos lares e nas comunidades, uma vez que as crianças esperam por certas pistas dos outros para cooperar e colaborar por iniciativa própria.

Esta colaboração é referida no estilo de aprendizagem "Aprender observando e participando". ^ O prisma realça as caraterísticas da colaboração como um conjunto flexível com uma coordenação fluida, misturando ideias, agendas e ritmo. Muitas culturas indígenas têm esta forma de aprender e trabalham lado a lado com adultos e crianças como pares. Isto implica um equilíbrio entre a conversação não-verbal articulada e meios verbais parcimoniosos. As crianças tornam-se capazes de cumprir uma vasta gama de responsabilidades porque os pais permitiram livremente a sua participação nas tarefas dos adultos quando eram mais novas. Por exemplo, os filhos de imigrantes norte-americanos efectuam trabalhos de tradução para as suas famílias e expressam orgulho nas suas contribuições e na sua orientação para a colaboração com os pais. Ao dar às crianças a oportunidade de provarem a sua ética de trabalho, as comunidades indígenas vêem frequentemente a contribuição e a colaboração das crianças, especialmente porque a sua iniciativa é uma lição ensinada desde tenra idade através da linguagem facial e corporal.

Um aspeto da comunicação não-verbal que ajuda a transmitir esses significados precisos e simbólicos é "contexto-embeddedness". A ideia de que muitas crianças das comunidades indígenas americanas estão intimamente envolvidas em actividades comunitárias, tanto a nível espacial como relacional, o que ajuda a promover a comunicação não-verbal, uma vez que as palavras nem sempre são necessárias. Quando as crianças estão intimamente relacionadas com o contexto do empreendimento como participantes activos, a coordenação baseia-se numa referência partilhada, que ajuda a permitir, manter e promover comunicação não-verbal. A ideia de "integração no contexto" permite que a comunicação não-verbal seja um meio de aprendizagem nas comunidades nativas americanas do Alasca Athabaskans e Cherokee. Ao observar várias interações sociais familiares e comunitárias, o envolvimento social é dominado pela comunicação não-verbal. Por exemplo, quando as crianças apresentam pensamentos ou palavras verbalmente aos mais velhos, espera-se que estruturem cuidadosamente o seu discurso. Isto demonstra humildade e respeito culturais, uma vez que actos de fala excessivos quando o género de conversa muda revelam fraqueza e desrespeito. Esta cuidadosa auto-censura exemplifica a interação social tradicional dos nativos americanos Athapaskin e Cherokee, que dependem sobretudo da comunicação não-verbal.

A maioria das crianças da comunidade da Reserva Indígena de Warm Springs utiliza sinais não verbais dentro dos parâmetros dos seus ambientes de aprendizagem académica. Isto inclui a referência à religião nativa americana através de gestos estilizados com as mãos na comunicação coloquial, auto-contenção emocional verbal e não-verbal e menos movimento da parte inferior do rosto para estruturar a atenção nos olhos durante o contacto cara a cara. Por conseguinte, a abordagem das crianças a situações sociais numa sala de aula na reserva, por exemplo, pode funcionar como uma barreira a um ambiente de aprendizagem predominantemente verbal. A maioria das crianças de Warm Springs beneficia de um modelo de aprendizagem que se adapta a uma estrutura comunicativa não-verbal de colaboração, gestos tradicionais, aprendizagem por observação e referências partilhadas.

É importante notar que, embora a comunicação não-verbal seja mais predominante nas comunidades indígenas americanas, a comunicação verbal também é utilizada. De preferência, a comunicação verbal não substitui o envolvimento de uma pessoa numa atividade, mas funciona como orientação ou apoio adicional para a realização de uma atividade.

Genética

"No estudo das comunicações não-verbais, o cérebro límbico é onde está a ação... porque é a parte do cérebro que reage ao mundo que nos rodeia de forma reflexiva e instantânea, em tempo real e sem pensar." Há provas de que as pistas não verbais feitas de pessoa para pessoa não têm inteiramente a ver com o ambiente.

Para além dos gestos, os traços fenotípicos também podem transmitir certas mensagens na comunicação não-verbal, por exemplo, a cor dos olhos, a cor do cabelo e a altura. Os estudos sobre a altura revelaram que as pessoas mais altas são consideradas mais impressionantes. Melamed e Bozionelos (1992) estudaram uma amostra de gestores no Reino Unido e concluíram que a altura era um fator determinante para quem era promovido. A altura pode ter benefícios e também factores depressivos. Embora as pessoas altas sejam frequentemente mais respeitadas do que as baixas, a altura também pode ser prejudicial para alguns aspectos da comunicação individual, por exemplo, quando é necessário "falar ao mesmo nível" ou ter uma discussão "olhos nos olhos" com outra pessoa e não se quer ser visto como demasiado grande para as suas botas."

Movimento e posição do corpo

O termo "cinesia" foi utilizado pela primeira vez (em 1952) por Ray Birdwhistell, um antropólogo que pretendia estudar a forma como as pessoas comunicam através da postura, do gesto, da posição e do movimento. Parte do trabalho de Birdwhistell envolvia a realização de filmes de pessoas em situações sociais e a sua análise para mostrar diferentes níveis de comunicação que não eram claramente vistos de outra forma. Vários outros antropólogos, incluindo Margaret Mead e Gregory Bateson, também estudaram a cinesia.

A cinesia é o estudo dos movimentos do corpo. Os aspectos da cinesia são o rosto, o contacto visual, o gesto, a postura e os movimentos do corpo.

1. Rosto: O rosto e os olhos são os meios mais expressivos da comunicação corporal, podendo facilitar ou dificultar o feedback.
2. Contacto visual: É a forma mais poderosa de comunicação não verbal. Cria uma relação emocional entre o ouvinte e o orador.
3. Gesto: É o movimento do corpo para exprimir o discurso.
4. Postura: A posição do corpo de um indivíduo transmite uma variedade de mensagens.
5. Movimento do corpo: Utilizado para compreender o que as pessoas estão a comunicar com os seus gestos e postura

As mensagens cinésicas são mais subtis do que os gestos. As mensagens cinéticas compreendem a postura, o olhar e os movimentos faciais. Os olhares americanos são curtos o suficiente apenas para ver se há reconhecimento da outra pessoa, os árabes olham-se intensamente nos olhos e muitos africanos desviam o olhar como sinal de respeito pelos superiores. Há também muitas posturas para as pessoas no Congo; esticam as mãos e juntam-nas na direção da outra pessoa

HÁPTICA: O TOQUE NA COMUNICAÇÃO

Os toques entre humanos que podem ser definidos como comunicação incluem apertos de mão, dar as mãos, beijar (bochecha, lábios e mão), dar palmadinhas nas costas, cumprimentos, uma palmadinha no ombro e roçar um braço. O toque em si mesmo pode incluir lamber, pegar, segurar e arranhar. Estes comportamentos são designados por "adaptadores" ou "sinais" e podem enviar mensagens que revelam as intenções ou sentimentos de um comunicador e de um ouvinte. O significado transmitido pelo toque depende muito da cultura, do contexto da situação, da relação entre os comunicadores e da forma como o toque é efectuado.

O tato é um sentido extremamente importante para o ser humano; para além de fornecer informações sobre superfícies e texturas, é uma componente da comunicação não-verbal nas relações interpessoais e é vital para transmitir intimidade física. Pode ser tanto sexual (como o beijo) como platónico.

O tato é o sentido mais precoce a desenvolver-se no feto. Observou-se que os bebés humanos têm enorme dificuldade em sobreviver se não possuírem o sentido do tato, mesmo que mantenham a visão e a audição. Os bebés que conseguem perceber através do tato, mesmo sem visão e audição, tendem a sair-se muito melhor.

Nos chimpanzés, o sentido do tato está muito desenvolvido. Quando recém-nascidos, vêem e ouvem mal, mas agarram-se fortemente às suas mães. Harry Harlow realizou um estudo controverso com macacos rhesus e observou que os macacos criados com uma "mãe de pano felpudo", um aparelho de alimentação de arame envolto em pano felpudo macio que proporcionava um nível de estimulação tátil e conforto, os macacos que tinham a verdadeira mãe eram consideravelmente mais estáveis emocionalmente em adultos do que os que tinham uma mera mãe de arame (Harlow, 1958).

O toque é tratado de forma diferente de um país para outro e os níveis socialmente aceitáveis de toque variam de uma cultura para outra (Remland, 2009). Na cultura tailandesa, por exemplo, tocar na cabeça de alguém pode ser considerado rude. Remland e Jones (1995) estudaram grupos de pessoas que comunicavam e descobriram que o toque era raro entre os ingleses (8%), os franceses (5%) e os holandeses (4%), em comparação com os italianos (14%) e os gregos (12,5%). Bater, empurrar, puxar, beliscar, pontapear, estrangular e lutar corpo a corpo são formas de toque no contexto da violência física.

Proxémica

A proxémica é o estudo dos aspectos culturais, comportamentais e sociológicos das distâncias espaciais entre indivíduos. Cada pessoa tem um espaço particular que guarda para si quando comunica, como uma bolha pessoal. Quando utilizada como um tipo de sinal não-verbal na comunicação, a proxémica ajuda a determinar o espaço entre os indivíduos enquanto interagem. Existem quatro tipos de proxémica com distâncias diferentes, dependendo da situação e das pessoas envolvidas. A distância íntima é utilizada para encontros próximos, como abraçar, tocar ou sussurrar.

A distância pessoal diz respeito às interações com amigos próximos e familiares. A distância social destina-se a interações entre conhecidos. É sobretudo utilizada no local de trabalho ou na escola, onde não há contacto físico. A distância pública destina-se a estranhos ou a falar em público.

Funções

Argyle (1970) apresentou a hipótese de que, enquanto a linguagem falada é normalmente utilizada para comunicar informações sobre acontecimentos externos aos falantes, os códigos não verbais são utilizados para estabelecer e manter relações interpessoais. Considera-se mais educado ou mais simpático comunicar atitudes em relação aos outros de forma não verbal do que verbal, por exemplo, para evitar situações embaraçosas.

Argyle (1988) concluiu que existem cinco funções principais do comportamento corporal não-verbal na comunicação humana:

1. Exprimir emoções
2. Exprimir atitudes interpessoais
3. Acompanhar o discurso na gestão das pistas de interação entre falantes e ouvintes
4. Auto-apresentação da personalidade
5. Rituais (saudações)

No que diz respeito à expressão de atitudes interpessoais, os seres humanos comunicam proximidade interpessoal através de uma série de acções não-verbais conhecidas como comportamentos imediatos. Exemplos de comportamentos imediatos são o sorriso, o toque, as posições abertas do corpo e o contacto visual. As culturas que apresentam estes comportamentos imediatos são consideradas culturas de elevado contacto. Versus comunicação verbal

Uma questão interessante é: quando duas pessoas estão a comunicar cara a cara, quanto do significado é comunicado verbalmente e quanto é comunicado não verbalmente? Esta questão foi investigada por Albert Mehrabian e apresentada em dois artigos. O último artigo concluiu: "Sugere-se que o efeito combinado das comunicações simultâneas de atitudes verbais, vocais e faciais é uma soma ponderada dos seus efeitos independentes - com coeficientes de .07, .38 e .55, respetivamente."

Desde então, outros estudos analisaram a contribuição relativa dos sinais verbais e não verbais em situações mais naturalistas. Argyle, utilizando cassetes de vídeo mostradas aos sujeitos, analisou a comunicação da atitude submissa/dominante e descobriu que as pistas não verbais tinham 4,3 vezes mais efeito do que as pistas verbais. O efeito mais importante foi o facto de a postura corporal comunicar o estatuto superior de uma forma muito eficaz. Por outro lado, num estudo realizado por Hsee et al., os sujeitos julgaram uma pessoa na dimensão feliz/triste e descobriram que as palavras ditas com uma variação mínima na entoação tinham um impacto cerca de 4 vezes maior do que as expressões faciais vistas num filme sem som. Assim, a importância relativa das palavras faladas e das expressões faciais pode ser muito diferente em estudos que utilizem diferentes configurações.

Interação

Ao comunicar, as mensagens não-verbais podem interagir com as mensagens verbais de seis formas: repetição, conflito, complemento, substituição, regulação e acentuação/moderamento.

Em conflito

Mensagens verbais e não-verbais contraditórias na mesma interação podem, por vezes, enviar mensagens opostas ou contraditórias. Uma pessoa que exprime verbalmente uma afirmação verdadeira e, ao mesmo tempo, se inquieta ou evita o contacto visual pode transmitir uma mensagem mista ao recetor na interação. As mensagens contraditórias podem ocorrer por várias razões, muitas vezes resultantes de sentimentos de incerteza, ambivalência ou frustração. Quando ocorrem mensagens contraditórias, a comunicação não-verbal torna-se a principal ferramenta que as pessoas utilizam para obter informações adicionais que clarifiquem a situação; é dada grande atenção aos movimentos corporais e ao posicionamento quando as pessoas percebem mensagens contraditórias durante as interações. As definições de comunicação não-verbal criam uma imagem limitada nas nossas mentes, mas há formas de a tornar mais clara. Foram descobertas diferentes dimensões da comunicação verbal e não-verbal. São elas: (1) estrutura versus não-estrutura, (2) linguística versus não-linguística, (3) contínua versus descontínua, (4) aprendida versus inata, e (5) processamento hemisférico esquerdo versus direito.

Complementar

A interpretação exacta das mensagens é facilitada quando as comunicações não-verbais e verbais se complementam. Os sinais não-verbais podem ser utilizados para desenvolver as mensagens verbais e reforçar a informação enviada quando se pretende atingir objectivos comunicativos; as mensagens são recordadas quando os sinais não-verbais confirmam a troca verbal.

Substituição

O comportamento não-verbal é por vezes utilizado como o único canal de comunicação de uma mensagem. As pessoas identificam as expressões faciais, os movimentos corporais e o posicionamento do corpo como correspondendo a sentimentos e intenções específicos. Os sinais não-verbais podem ser utilizados sem comunicação verbal para transmitir mensagens; quando o comportamento não-verbal não comunica eficazmente uma mensagem, são utilizados métodos verbais para melhorar a compreensão.

Estrutura versus não-estrutura

A comunicação verbal é uma forma de comunicação altamente estruturada com regras gramaticais definidas. As regras da comunicação verbal ajudam a compreender e a dar sentido ao que as outras pessoas estão a dizer. Por exemplo, os estrangeiros que estão a aprender uma nova língua podem ter dificuldade em fazer-se entender. Por outro lado, a comunicação não-verbal não tem uma estrutura formal quando se trata de comunicar. A comunicação não-verbal ocorre mesmo sem se pensar nela. O mesmo comportamento pode significar coisas diferentes, como chorar de tristeza ou de alegria. Por isso, estes sinais têm de ser interpretados cuidadosamente para se obter o seu significado correto.

Linguística e não linguística

Existem apenas alguns símbolos atribuídos no sistema de comunicação não-verbal. Acenar com a cabeça é um símbolo que indica concordância em algumas culturas, mas noutras significa discordância. Por outro lado, a comunicação verbal tem um sistema de símbolos que têm significados específicos.

Contínuo e descontínuo

A comunicação verbal baseia-se em unidades descontínuas, enquanto a comunicação não-verbal é contínua. A comunicação não-verbal não pode ser interrompida, a não ser que se saia da sala, mas mesmo assim os processos intrapessoais continuam a ter lugar (indivíduos que comunicam consigo próprios). Sem a presença de outra pessoa, o corpo ainda consegue efetuar a comunicação não-verbal. Por exemplo, depois de um debate aceso, não há mais palavras a serem ditas, mas ainda há rostos zangados e olhares frios a serem distribuídos. Este é um exemplo de como a comunicação não-verbal é contínua.

Aprendido versus inato

Os sinais não verbais aprendidos requerem uma comunidade ou cultura para serem reforçados. Por exemplo, as boas maneiras à mesa não são capacidades inatas à nascença. O código de vestuário é um sinal não verbal que tem de ser estabelecido pela sociedade. Os símbolos das mãos, cuja interpretação pode variar de cultura para cultura, não são sinais não verbais inatos. Os sinais aprendidos devem ser gradualmente reforçados por admoestação ou feedback positivo.

As pistas não verbais inatas são caraterísticas "incorporadas" do comportamento humano. Geralmente, estas pistas inatas são universalmente prevalecentes e independentemente da cultura. Por exemplo, o sorriso, o choro e o riso não requerem ensino. Do mesmo modo, as posições de alguém, como a posição fetal, são universalmente associadas à fraqueza. Devido à sua universalidade, a capacidade de compreender estes sinais não se limita a culturas individuais.

Processamento hemisférico esquerdo versus direito

Este tipo de processamento envolve a abordagem neurofisiológica da comunicação não-verbal. Explica que o hemisfério direito processa os estímulos não-verbais, tais como os que envolvem tarefas espaciais, pictóricas e gestálticas, enquanto o hemisfério esquerdo processa os estímulos verbais que envolvem tarefas analíticas e de raciocínio. É importante conhecer as implicações do processamento das diferenças entre as mensagens de comunicação verbal e não-verbal. É possível que os indivíduos não utilizem o hemisfério correto nas alturas apropriadas quando se trata de interpretar uma mensagem ou um significado.

Estudos clínicos

Entre 1977 e 2004, a influência da doença e dos medicamentos na recetividade da comunicação não-verbal foi estudada por equipas de três escolas médicas distintas, utilizando um paradigma semelhante. Os investigadores da Universidade de Pittsburgh, da Universidade de Yale e da Universidade do Estado de Ohio fizeram com que os sujeitos observassem os jogadores numa slot machine à espera do prémio. O montante do prémio era lido por transmissão não-verbal antes do reforço . Esta técnica foi desenvolvida e os estudos dirigidos pelo psicólogo Robert E. Miller e pelo psiquiatra A. James Giannini. Estes grupos relataram uma diminuição da capacidade recetiva nos toxicodependentes de heroína e nos toxicodependentes de fenciclidina, em contraste com um aumento da recetividade nos toxicodependentes de cocaína. Os homens com depressão grave manifestaram uma diminuição significativa da capacidade de ler sinais não verbais quando comparados com homens etílicos.

Em alguns sujeitos testados quanto à capacidade de ler pistas não-verbais, foram aparentemente empregues paradigmas intuitivos, enquanto noutros foi utilizada uma abordagem de causa e efeito. Os sujeitos do primeiro grupo responderam rapidamente e antes da ocorrência do reforço. Não conseguiram justificar as suas respostas específicas. Os sujeitos da segunda categoria atrasaram a sua resposta e puderam dar razões para a sua escolha. O nível de precisão entre os dois grupos não variou, nem a lateralidade

Freitas-Magalhaes estudou o efeito do sorriso no tratamento da depressão e concluiu que os estados depressivos diminuem quando as pessoas sorriem com mais frequência

Verificou-se que as mulheres obesas e as mulheres com síndroma pré-menstrual também tinham uma capacidade reduzida de ler estas pistas. Contrariamente, os homens com perturbação bipolar tinham capacidades aumentadas. Uma mulher com paralisia total dos nervos da expressão facial foi considerada incapaz de transmitir ou receber quaisquer sinais faciais não-verbais. Devido às alterações dos níveis de precisão nos níveis de recetividade não-verbal, os membros da equipa de investigação levantaram a hipótese de um local bioquímico no cérebro que funcionava para a receção de sinais não-verbais. Uma vez que certos medicamentos aumentavam a capacidade, enquanto outros a diminuíam, os neurotransmissores dopamina e endorfina foram considerados como candidatos etiológicos prováveis. No entanto, com base nos dados disponíveis, não foi possível determinar a causa e o efeito primários com base no paradigma utilizado.

Compreensão da criança

A ênfase nos gestos aumenta quando são utilizadas entoações ou expressões faciais. "Os oradores antecipam frequentemente a forma como os destinatários interpretarão as suas declarações. Se pretenderem uma interpretação diferente, menos óbvia, podem "marcar" o seu discurso (por exemplo, com entoações especiais ou expressões faciais)." Esta ênfase específica conhecida como 'marcação' pode ser identificada como uma forma aprendida de comunicação não verbal em crianças pequenas. Um estudo inovador do Journal of Child Language concluiu que o ato de marcar um gesto é reconhecido por crianças de três anos, mas não por crianças de dois anos.

No estudo, as crianças de dois e três anos foram testadas quanto ao reconhecimento de marcas nos gestos. A experiência foi realizada numa sala com um examinador e os sujeitos do teste, que no primeiro estudo eram crianças de três anos. O examinador sentou-se à frente de cada criança individualmente e deixou-a brincar com vários objectos, incluindo uma bolsa com uma esponja e uma caixa com uma esponja. Depois de deixar a criança brincar com os objectos durante três minutos, o examinador disse-lhe que era altura de se limpar e fez-lhe sinal, apontando para os objectos. O examinador mediu as respostas das crianças apontando primeiro e não assinalando o gesto, para ver a reação da criança ao pedido e se ela pegava nos objectos para os limpar. Depois de observar a resposta da criança, o examinador perguntava e apontava novamente, marcando o gesto com a expressão facial, de modo a levar a criança a acreditar que os objectos deviam ser limpos. Os resultados mostraram que as crianças de três anos foram capazes de reconhecer a marcação , por
respondendo ao gesto e limpando os objectos, ao contrário do que acontecia quando o gesto era apresentado sem ser assinalado.

No segundo estudo, em que a mesma experiência foi realizada com crianças de dois anos, os resultados foram diferentes. Na maior parte dos casos, as crianças não reconheceram a diferença entre o gesto marcado e o não marcado, não respondendo mais frequentemente ao gesto marcado, ao contrário dos resultados das crianças de três anos. Este facto demonstra que este tipo de comunicação não-verbal é aprendido em tenra idade, sendo melhor reconhecido em crianças de três anos do que em crianças de dois anos, o que nos facilita a interpretação de que a capacidade de reconhecer a marcação é aprendida nas primeiras fases de desenvolvimento, algures entre os três e os quatro anos de idade.

Boone e Cunningham realizaram um estudo para determinar em que idade as crianças começam a reconhecer o significado emocional (felicidade, tristeza, raiva e medo) nos movimentos expressivos do corpo. O estudo incluiu 29 adultos e 79 crianças divididas em grupos etários de quatro, cinco e oito anos. Foram mostrados às crianças dois clips em simultâneo e foi-lhes pedido que apontassem para aquele que expressava a emoção-alvo. Os resultados do estudo revelaram que, das quatro emoções testadas, as crianças de 4 anos só foram capazes de identificar corretamente a tristeza a uma taxa superior à do acaso. As crianças de 5 anos tiveram um desempenho melhor e foram capazes de identificar a felicidade, a tristeza e o medo a níveis melhores do que o acaso. As crianças de 8 anos e os adultos conseguiram identificar corretamente as quatro emoções e houve muito pouca diferença entre as pontuações dos dois grupos. Entre os 4 e os 8 anos, a comunicação não-verbal e as capacidades de descodificação melhoram drasticamente.

Compreensão de sinais faciais não verbais

Um subproduto do trabalho da equipa de Pittsburgh/Yale/Ohio State foi uma investigação sobre o papel dos cortes faciais não-verbais na violação heterossexual sem parceiro. Os homens que eram violadores em série de mulheres adultas foram estudados em termos de capacidades receptivas não-verbais. Os seus resultados foram os mais elevados de todos os subgrupos. As vítimas de violação foram testadas de seguida. Foi relatado que as mulheres que tinham sido violadas em pelo menos duas ocasiões por diferentes perpetradores tinham um comprometimento altamente significativo nas suas capacidades de ler estas pistas em remetentes masculinos ou femininos. Estes resultados foram preocupantes, indicando um modelo predador-presa. Os autores observaram que, independentemente da natureza destes resultados preliminares, a responsabilidade do violador não era, de forma alguma, diminuída.

O alvo final do estudo deste grupo eram os estudantes de medicina que ensinavam. Os estudantes de medicina da Ohio State University, da Ohio University e da Northeast Ohio Medical College foram convidados a participar no estudo. Os estudantes que indicaram uma preferência pelas especialidades de medicina familiar, psiquiatria, pediatria e ginecologia-obstetrícia obtiveram níveis de precisão significativamente mais elevados do que os estudantes que planeavam formar-se como cirurgiões, radiologistas ou patologistas. Os candidatos a medicina interna e cirurgia plástica obtiveram níveis próximos da média

Porque é que a comunicação verbal é importante?

Utilizamos a comunicação verbal para informar, quer seja para informar os outros das nossas necessidades ou para transmitir conhecimentos. A clarificação é uma componente essencial da comunicação verbal. Muitas vezes, não nos articulamos claramente, ou as nossas palavras ou acções são mal interpretadas. A comunicação verbal ajuda a esclarecer mal-entendidos e fornece informações em falta.

Podemos utilizar a comunicação verbal para corrigir um erro. O poder das palavras "desculpa" é muitas vezes mais eficaz do que uma ação. A comunicação verbal também pode ser utilizada como uma ferramenta de persuasão. Cria uma oportunidade para o debate, estimula o pensamento e a criatividade, e aprofunda e cria novas relações. Robert M. Krauss no artigo, -The Psychology of Verbal Communication, Y publicado na Enciclopédia Internacional das Ciências Sociais e Comportamentais em 2002, explica, -A sobrevivência de uma espécie depende criticamente da sua capacidade de comunicar eficazmente, e a qualidade da sua vida social é determinada em grande medida pela forma e pelo que consegue comunicar. Y

O que é a Comunicação Não-Verbal?

A comunicação verbal coexiste com a comunicação não verbal, que pode afetar as percepções e os intercâmbios das pessoas de forma subtil mas significativa. A comunicação não verbal inclui a linguagem corporal, como os gestos, as expressões faciais, o contacto visual e a postura. O toque é uma comunicação não verbal que não só indica os sentimentos ou o nível de conforto de uma pessoa, como também ilustra caraterísticas de personalidade. Um aperto de mão firme ou um abraço caloroso indicam algo muito diferente do que uma palmadinha nas costas ou um aperto de mão tímido. O som da nossa voz, incluindo a altura, o tom e o volume, são também formas de comunicação não verbal. O significado por detrás das palavras de alguém é muitas vezes completamente diferente da tradução literal, como se vê nos casos de sarcasmo e zombaria. O vestuário que usamos e a forma como concebemos o nosso espaço de vida são também formas de comunicação não verbal que frequentemente moldam os julgamentos das pessoas sobre os outros, independentemente de as percepções serem ou não verdadeiras.

Porque é que a comunicação não verbal é importante?

Pense em quantas relações começam com um homem e uma mulher que estabelecem contacto visual numa sala cheia de gente. Uma piscadela de olho brincalhona tende a ser mais eficaz do que uma frase de engate bem pensada. Michael Argyle, no seu livro -Bodily Communication, Y identifica cinco funções principais da comunicação não-verbal: expressar emoções, comunicar relações interpessoais, apoiar a interação verbal, refletir a personalidade e realizar rituais, como cumprimentos e despedidas. Edward G. Wertheim, Ph.D., no seu artigo "The Importance of Effective Communication" (A Importância de uma Comunicação Eficaz), explica como a comunicação não-verbal interage com a comunicação verbal. Podemos reforçar, contradizer, substituir, complementar ou enfatizar a nossa comunicação verbal com sinais não verbais, tais como gestos, expressões e inflexão vocal. Evitar o contacto visual quando dizemos a alguém que o amamos comunica algo muito diferente do que as palavras ditas, tal como um sorriso brilhante quando lhe damos os parabéns reforça a sinceridade das nossas palavras.

Como melhorar a comunicação verbal e não-verbal

A comunicação verbal é melhorada quando uma pessoa é um ouvinte eficaz. Ouvir não significa simplesmente escutar; é necessário compreender o ponto de vista de outra pessoa. Pense bem antes de falar para garantir que se articula claramente. Deixe que as outras pessoas interajam e tenham a palavra. Dê tempo para refletir sobre o assunto em questão.

Observar a linguagem corporal, as expressões faciais e as entoações das outras pessoas e estar consciente da sua própria fisicalidade e sentimentos pode melhorar a comunicação não verbal. Grave-se com uma câmara de vídeo e um gravador de áudio para ver como comunica de forma não verbal. Os seus gestos correspondem às suas palavras ou revelam o que está realmente a pensar? Ter consciência do que dizemos e de como o dizemos é o primeiro passo para uma comunicação bem sucedida. A capacidade de se adaptar rapidamente à situação e à forma de comunicação em causa é uma competência que as pessoas continuam a aperfeiçoar durante toda a vida.

Referências

1. Andersen, Peter (2007). Nonverbal Communication: Forms and Functions (2ª ed.). Waveland Press.

2. Andersen, Peter (2004). O Guia Completo do Idiota para a Linguagem Corporal. Alpha Publishing. ISBN 978-1592572489.

3. Argyle, Michael (1988). Bodily Communication (2ª ed.). Madison: International Universities Press. ISBN 0-416-38140-5.

4. Brehove, Aaron (2011). Knack Body Language: Techniques on Interpreting Nonverbal Cues in the World and Workplace [Técnicas de interpretação de sinais não verbais no mundo e no local de trabalho]. Guilford, CT: Globe Pequot Press. ISBN 9781599219493.

5. Bull, P. E. (1987). Posture and Gesture (Postura e Gesto). Oxford: Pergamon Press. ISBN 0-08-031332-9.

6. Burgoon, J. K., Guerrero, L. K., & Floyd, K. (2011). Nonverbal communication (Comunicação não-verbal). Boston: Allyn & Bacon. ISBN 9780205525003.

7. Floyd, K., Guerrero, L. K. (2006). Nonverbal communication in close relationships. Mahwah, Nova Jersey: Lawrence Erlbaum Associates. ISBN 9780805843972.

8. Freitas-Magalhaes, A. (2006). A Psicologia do Sorriso Humano. Porto: Imprensa da Universidade Fernando Pessoa. ISBN 972-8830-59-9.

9. Givens, D.B. (2000). "Expressão corporal: o que está a dizer?". Successful Meetings (outubro) 51.

10. Guerrero, L. K., DeVito, J. A., Hecht, M. L., eds. (1999). The nonverbal communication reader (2ª ed.). Lone Grove, Illinois: Waveland Press.

11. Gudykunst, W.B. & Ting-Toomey, S. (1988). Culture and Interpersonal Communication. Califórnia: Sage Publications Inc.

12. Hanna, Judith L. (1987). To Dance Is Human: A Theory of Nonverbal Communication. Chicago: University of Chicago Press.

13. Hargie, O. & Dickson, D. (2004). Skilled Interpersonal Communication: Research, Theory and Practice. Hove: Routledge. ISBN 9780415227193.

14. Knapp, Mark L., & Hall, Judith A. (2007). Nonverbal Communication in Human Interaction (5ª ed.). Wadsworth: Thomas Learning. ISBN 0-15-506372-3.

15. Melamed, J. & Bozionelos, N. (1992). "Promoção gerencial e altura". Psychological Reports. 71 (6): 587-593. doi:10.2466/PR0.71.6.587-593.

16. Remland, Martin S. (2009). Nonverbal communication in everyday life (Comunicação não-verbal na vida quotidiana). Boston: Allyn & Bacon.

17. Ottenheimer, H.J. (2007). The anthropology of language: an introduction to linguistic anthropology [A antropologia da linguagem: uma introdução à antropologia linguística]. Kansas State: Thomson Wadsworth.

18. Segerstrale, Ullica, & Molnar, Peter, eds. (1997). Nonverbal Communication: Where Nature Meets Culture. Mahwah, NJ: Lawrence ErlbaumAssociates. ISBN 0-8058-2179-1.

19. Zysk, Wolfgang (2004). Korpersprache - Eine neue Sicht (Dissertação de Doutoramento 2004) (em alemão). Universidade de Duisburg-Essen (Alemanha).

20. Campbell, S. (2005). Saying What's Real (Dizer o que é real). Tiburon, CA: Publishers Group West.
ISBN 978-1932073126.

21. Ekman, P. (2003). Emotions Revealed [As emoções reveladas]. Nova Iorque, NY: Owl Books. ISBN 9780805072754.

22. Gilbert, M. (2002). Communication Miracles at Work. Berkeley, CA: Publishers Group West. ISBN 9781573248020.

23. Pease B.; Pease A. (2004). The Definitive Book of Body Language [O Livro Definitivo da Linguagem Corporal]. Nova Iorque, NY: Bantam Books.

24. Pontes, J. (1998). How to be a Gentleman [Como ser um Cavalheiro] (PDF). Nashville, TN: Rutledge Hill Press.

25. Givens, D. (2005). Love Signals. Nova Iorque, NY: St. Martins Press.
ISBN 9780312315054.

26. Simpson-Giles, C. (2001). How to Be a Lady [Como Ser uma Senhora]. Nashville, TN: Rutledge Hill Press. ISBN 9781558539396.

27. Driver, J. (2010). You Say More Than You Think [Você diz mais do que pensa]. Nova Iorque, NY: Crown Publishers.

CAPÍTULO-3
TECNOLOGIAS DA COMUNICAÇÃO

Tecnologias da informação e da comunicação

O termo *TIC* é também utilizado para designar a convergência das redes audiovisuais e telefónicas com as redes informáticas através de um sistema único de cablagem ou ligação. Existem grandes incentivos económicos (enormes poupanças de custos devido à eliminação da rede telefónica) para fundir a rede telefónica com o sistema de redes informáticas utilizando um único sistema unificado de cablagem, distribuição de sinais e gestão. No entanto, as TIC não têm uma definição universal, uma vez que "os conceitos, métodos e aplicações envolvidos nas TIC estão em constante evolução numa base quase diária". A amplitude das TIC abrange qualquer produto que armazene, recupere, manipule, transmita ou receba informações eletronicamente em formato digital, por exemplo, computadores pessoais, televisão digital, correio eletrónico, robôs. Para maior clareza, Zuppo apresentou uma hierarquia das TIC em que todos os níveis da hierarquia "contêm algum grau de semelhança, na medida em que estão relacionados com tecnologias que facilitam a transferência de informação e vários tipos de comunicações mediadas eletronicamente". O Quadro de Competências para a Era da Informação é um dos muitos modelos para descrever e gerir as competências dos profissionais das TIC para o século XXI

A expressão tecnologia da informação e da comunicação tem sido utilizada por investigadores académicos desde a década de 1980 e a abreviatura TIC tornou-se popular depois de ter sido utilizada num relatório apresentado ao governo britânico por Dennis Stevenson em 1997 e no Currículo Nacional revisto para Inglaterra, País de Gales e Irlanda do Norte em 2000. Mas em 2012, a Royal Society recomendou que as TIC deixassem de ser utilizadas nas escolas britânicas "por terem atraído demasiadas conotações negativas" e, a partir de 2014, o Currículo Nacional passou a utilizar a palavra computação, o que reflecte a inclusão da programação informática no currículo.

Variações da expressão espalharam-se por todo o mundo, com as Nações Unidas a criarem um "Grupo de Trabalho das Nações Unidas para as Tecnologias da Informação e da Comunicação" e um "Gabinete das Tecnologias da Informação e da Comunicação" interno.

Monetização

O dinheiro gasto em TI a nível mundial foi recentemente estimado em 3,5 biliões de dólares e está atualmente a crescer 5% ao ano, duplicando a cada 15 anos. O orçamento de TI do governo federal dos EUA para 2014 é de quase 82 mil milhões de dólares. Os custos de TI, em percentagem das receitas das empresas, cresceram 50% desde 2002, colocando uma pressão sobre os orçamentos de TI. Quando se analisam os orçamentos de TI das empresas actuais, 75% são custos recorrentes, utilizados para "manter as luzes acesas" no departamento de TI, e 25% são custos de novas iniciativas de desenvolvimento tecnológico.

O orçamento médio de TI tem a seguinte repartição:

1. 31% custos de pessoal (internos)
2. 29% custos de software (categoria externa/compra)
3. 26% custos de hardware (categoria externa/compras)
4. 14% dos custos dos prestadores de serviços externos (externos/serviços).

Capacidade tecnológica

A capacidade tecnológica mundial de armazenamento de informação cresceu de 2,6 (otimamente comprimidos) exabytes em 1986 para 15,8 em 1993, mais de 54,5 em 2000, 295 exabytes (otimamente comprimidos) em 2007 e cerca de 5 zettabytes em 2014. Isto é o equivalente informacional a 1,25 pilhas de CD-ROM da Terra à Lua em 2007, e o equivalente a 4.500 pilhas de livros impressos da Terra ao Sol em 2014. A capacidade tecnológica do mundo para receber informação através de redes de difusão unidirecional era de 432 exabytes de informação (otimamente comprimida) em 1986, 715 exabytes (otimamente comprimida) em 1993, 1,2 zettabytves (otimamente comprimida) em 2000 e 1,9 zettabytes em 2007. A capacidade efectiva do mundo para trocar informações através de redes de telecomunicações bidireccionais era de 281 petabytes de informação (otimamente comprimida) em 1986, 471 petabytes em 1993, 2,2 exabytes (otimamente comprimida) em 2000, 65 exabytes (otimamente comprimida) em 2007 e cerca de 100 exabytes em 2014. A capacidade tecnológica do mundo para computar informação com computadores de uso geral guiados pelo homem cresceu de 3,0 × 10^8 MIPS em 1986 para 6,4 x 10^12 MIPS em 2007.

Setor das TIC na OCDE

Segue-se uma lista dos países da OCDE por percentagem do sector das TIC no valor acrescentado total em 2013

Classificação	País	Setor das TIC em %
1	Coreia do Sul	10.7
2	Japão	7.02
3	Irlanda	6.99
4	Suécia	6.82
5	Hungria	6.09
6	Estados Unidos	5.89
7	República Checa	5.74
8	Finlândia	5.60
9	Reino Unido	5.53
10	Estónia	5.33
11	Eslováquia	4.87
12	Alemanha	4.84
13	Luxemburgo	4.54
14	Países Baixos	4.44
15	Suíça	4.63
16	França	4.33
17	Eslovénia	4.26
18	Dinamarca	4.06
Classificação	**País**	**Setor das TIC em %**
19	Espanha	4.00
20	Canadá	3.86
21	Itália	3.72
22	Bélgica	3.72
23	Áustria	3.56
24	Portugal	3.43
25	Polónia	3.33
26	Noruega	3.32
27	Grécia	3.31
28	Islândia	2.87
29	México	2.77

Índice de Desenvolvimento das TIC

O Índice de Desenvolvimento das TIC classifica e compara o nível de utilização e acesso às TIC nos vários países do mundo. Em 2014, a UIT (União Internacional das Telecomunicações) divulgou as últimas classificações do IDI, com a Dinamarca a alcançar o primeiro lugar, seguida da Coreia do Sul. Os 40 primeiros países da classificação incluem a maioria dos países de elevado rendimento onde a qualidade de vida é superior à média, o que inclui países da Europa e de outras regiões, como "Austrália, Bahrein, Canadá, Japão, Macau (China), Nova Zelândia, Singapura e Estados Unidos; quase todos os países inquiridos melhoraram a sua classificação no IDI este ano".

O processo da WSIS e os objectivos de desenvolvimento das TIC

Em 21 de dezembro de 2001, a Assembleia Geral das Nações Unidas aprovou a Resolução 56/183, aprovando a realização da Cimeira Mundial sobre a Sociedade da Informação (WSIS) para discutir as oportunidades e os desafios que se colocam à sociedade da informação atual. De acordo com esta resolução, a Assembleia Geral relacionou a Cimeira com o objetivo da Declaração do Milénio das Nações Unidas de implementar as TIC para atingir os Objectivos de Desenvolvimento do Milénio. A Assembleia Geral sublinhou igualmente a importância de uma abordagem multi

para atingir estes objectivos, recorrendo a todas as partes interessadas, incluindo a sociedade civil e o sector privado, para além dos governos.

Para ajudar a ancorar e expandir as TIC a todas as partes habitáveis do mundo, "2015 é a data limite para a realização dos Objectivos de Desenvolvimento do Milénio (ODM) da ONU, que os líderes mundiais acordaram no ano 2000".

Na educação

A sociedade atual mostra um estilo de vida cada vez mais centrado no computador, o que inclui o rápido influxo de computadores na sala de aula moderna (fontes: wekipedia journal).

As tecnologias da informação e da comunicação podem contribuir para o acesso universal à educação, para a equidade na educação, para a oferta de ensino e aprendizagem de qualidade, para o desenvolvimento profissional dos professores e para uma gestão, governação e administração da educação mais eficientes. O DYNAMO adopta uma abordagem holística e abrangente para promover as TIC na educação. O acesso, a inclusão e a qualidade estão entre os principais desafios que podem ser enfrentados. A Plataforma Intersectorial da Organização para as TIC na educação centra-se nestas questões através do trabalho conjunto de três dos seus sectores: Comunicação e Informação, Educação e Ciência.

Hoje

Na sociedade moderna, as TIC estão sempre presentes, com mais de três mil milhões de pessoas a terem acesso à Internet. Com cerca de 8 em cada 10 utilizadores da Internet a possuírem um smartphone, a informação e os dados estão a aumentar a passos largos. Este rápido crescimento, especialmente nos países em desenvolvimento,

levou as TIC a tornarem-se uma pedra angular da vida quotidiana, em que a vida sem alguma faceta da tecnologia torna disfuncional a maior parte das tarefas administrativas, laborais e de rotina. Os dados oficiais mais recentes, divulgados em 2014, mostram que "a utilização da Internet continua a crescer de forma constante, com 6,6% a nível mundial em 2014 (3,3% nos países desenvolvidos, 8,7% no mundo em desenvolvimento); o número de utilizadores da Internet nos países em desenvolvimento duplicou em cinco anos (2009-2014), com dois terços de todas as pessoas em linha a viverem agora no mundo em desenvolvimento".

No entanto, os obstáculos continuam a ser grandes. "Dos 4,3 mil milhões de pessoas que ainda não utilizam a Internet, 90% vivem em países em desenvolvimento. Nos 42 países menos conectados do mundo (LCC), que albergam 2,5 mil milhões de pessoas, o acesso às TIC continua a estar largamente fora do alcance, especialmente para as grandes populações rurais destes países." As TIC ainda não penetraram nas zonas remotas de alguns países, sendo que muitos países em desenvolvimento não dispõem de qualquer tipo de Internet. Isto inclui também a disponibilidade de linhas telefónicas, em particular a disponibilidade de cobertura celular, e outras formas de transmissão eletrónica de dados. O último relatório "Measuring the Information Society Report" afirmava cautelosamente que o aumento da referida cobertura de dados celulares é ostensivo, uma vez que "muitos utilizadores têm várias assinaturas, com os números do crescimento global a traduzirem-se, por vezes, em poucas melhorias reais no nível de conetividade dos que se encontram na base da pirâmide; estima-se que 450 milhões de pessoas em todo o mundo vivam em locais que ainda estão fora do alcance do serviço móvel celular.

A diferença entre o acesso à Internet e a cobertura móvel diminuiu substancialmente nos últimos quinze anos, em que "2015 é a data limite para a realização dos Objectivos de Desenvolvimento do Milénio (ODM) das Nações Unidas, acordados pelos líderes mundiais no ano 2000, e os novos dados mostram os progressos das TIC e salientam as lacunas que ainda subsistem". As TIC continuam a assumir novas formas, com a nanotecnologia a dar início a uma nova vaga de eletrónica e aparelhos TIC. As mais recentes edições das TIC no mundo eletrónico moderno incluem relógios inteligentes, como o Apple Watch, pulseiras inteligentes, como a Nike+ FuelBand, e televisores inteligentes, como a Google TV. Com os computadores de secretária a tornarem-se rapidamente parte de uma era passada e os computadores portáteis a tornarem-se o método preferido de computação, as TIC continuam a insinuar-se e a alterar-se no mundo em constante mudança.

As tecnologias da informação e da comunicação desempenham um papel importante na facilitação do pluralismo acelerado nos novos movimentos sociais actuais. Segundo Bruce Bimber, a Internet está a "acelerar o processo de formação e ação de grupos temáticos" e cunhou o termo pluralismo acelerado para explicar este novo fenómeno. As TIC são ferramentas para "capacitar os líderes dos movimentos sociais e dar poder aos ditadores", promovendo efetivamente a mudança social. As TIC podem ser utilizadas para angariar apoio popular para uma causa, uma vez que a Internet permite o discurso político e intervenções diretas na política do Estado, bem como alterar a forma como as queixas da população são tratadas pelos governos.

Donald L. Moore (abril de 2009) Se está a ler este artigo on-line, ganha um "ponto" por estar atualizado na utilização de algumas das tecnologias mais recentes. Este artigo centra-se na acessibilidade e nas tecnologias passadas, presentes e futuras que beneficiaram grandemente a comunidade surda/deficiente auditiva nos últimos 30 anos. A lista não é exaustiva, mas contém uma lista de tópicos (tecnologias) que continuam a ser comuns atualmente. Para os mais jovens, esta tabela pode ajudar a ter uma ideia das tecnologias e serviços limitados do passado.

Para aqueles que são mais jovens do que os baby boomers, também conhecidos como Geração X, Y, Millennials e Z (ou seja, 1964+ ou mais jovens), muitos de vós podem relacionar-se com os tópicos discutidos.

Para os seniores, a tabela pode fornecer-lhe uma atualização sobre as tecnologias disponíveis para sua utilização e dar-lhe a oportunidade de aprender algo novo.

Esta tabela foi desenvolvida a partir de comentários de outros, das minhas próprias experiências e perspectivas. O quadro poderá ser atualizado à medida que eu receber comentários e continuar a desenvolvê-lo. Não tem necessariamente de concordar com o que está listado. Tecnologia

Médio

Efetuar reservas de companhias aéreas (as reservas de hotéis e automóveis eram/são feitas de forma semelhante)

Passado (até à década de 1990) Normalmente, era necessário passar horas ao telefone / TTD a verificar os horários e as tarifas. Muitas vezes, era necessário reservar lugares e telefonar para várias companhias aéreas para encontrar o melhor horário e as melhores tarifas. Este processo era muitas vezes moroso,

Os bilhetes e a atribuição dos lugares eram enviados por correio. Por vezes, era necessário consultar/trabalhar com um agente de viagens para organizar a viagem.

Atualidade (1990's-Today)

Utilizando a Internet, é possível comparar tarifas, verificar os horários dos voos, a disponibilidade de lugares e imprimir os seus próprios bilhetes. Muitas vezes, o processo pode ser concluído numa hora ou menos. Pode ser o seu próprio agente de viagens. Os agentes de viagens continuam a ser úteis para viagens complexas, em grupo ou para locais que não conhece.

Futuro - 2009 e anos seguintes

Os agentes inteligentes podem facilmente organizar as suas viagens com base nos seus perfis, preferências, viagens anteriores e planos futuros com base nos seus calendários

Escrito

Comunicações

Passado (até à década de 1990)

Caneta, papel e correio postal (caracol) eram a forma habitual de enviar cartas e correspondência. O correio demorava 3 a 7 dias a chegar ao seu destino (EUA). Destino. O correio expresso e o correio noturno eram uma opção cara (e continuam a ser). O fax também era uma forma dispendiosa e nem sempre fácil de utilizar.

Presente

(Anos 90 - Hoje em **dia)** Hoje em dia, o correio eletrónico e os dispositivos sem fios permitem comunicações quase instantâneas em todo o mundo para qualquer endereço de correio eletrónico. As mensagens instantâneas são também uma forma popular de comunicar - desde que a outra parte esteja disponível para responder. AOL Aim, Gtalk, MSN e Yahoo são alguns dos programas de conversação mais populares.

Futuro - 2009 e anos seguintes Ser capaz de enviar correio eletrónico com os seus próprios pensamentos ou ondas cerebrais onde quer que esteja. Tal como acontece com os cheques em papel, o correio postal pode tornar-se uma coisa do passado. É provável que a entrega de encomendas físicas continue até ser possível o teletransporte de mercadorias.

Telefone

Comunicações

Passado (até à década de 1990) Durante muitos anos, este foi um importante obstáculo à comunicação. Para efetuar chamadas, os consumidores surdos e deficientes auditivos tinham muitas vezes de recorrer a familiares, amigos, colegas de trabalho e/ou intérpretes, quando disponíveis - que muitas vezes tinham horários ou disponibilidade limitados. Outros meios consistiam em máquinas dedicadas ao TTD em locais públicos e/ou exigiam a compra de dispositivos TTD dispendiosos. Quando se viaja, é frequente não se ter sorte em encontrar intérpretes ou máquinas de TTD no local. Embora alguns estivessem disponíveis numa base limitada em instalações de viagem como os principais aeroportos, estações de autocarros e de comboios

Presente (1990's-Today) Embora o telefone tenha sido o principal produto tecnológico durante muitas décadas, transformou-se em muitas formas diferentes de dispositivos de comunicação. Tais como TDDs, dispositivos sem fios, serviços de videotelefonia (VP) e mensagens instantâneas.

Há cerca de 20 anos, as cabinas telefónicas podiam ser encontradas em praticamente qualquer lugar. Na verdade, estavam a tornar-se uma monstruosidade e era possível ver dezenas deles alinhados em aeroportos e estações de comboio. Ao contrário do que acontece atualmente, os telefones públicos estão quase extintos.

Os dispositivos sem fios, como o Danger Sidekick, o Rim Blackberry, o Palm Treo e o Apple iPhone, tiveram um enorme impacto na capacidade de comunicar enquanto se está em movimento. Os dispositivos sem fios incluem muitas funcionalidades que se transformaram no equivalente tecnológico de um canivete suíço. Permite-lhe fazer chamadas, enviar/receber correio eletrónico, SMS, mensagens instantâneas e efetuar chamadas de retransmissão, desde que tenha cobertura sem fios.

Futuro - 2009 e anos seguintes

O futuro é promissor para a tradução e interpretação automática de voz - eliminando assim ainda mais as barreiras de comunicação. Não só para os consumidores surdos/deficientes auditivos, mas também quando se fala com alguém que não fala a sua língua. Por exemplo, quando se visita outro país. Algumas empresas estão atualmente a fazer experiências com a tradução de mensagens de voz para texto. A Google e a Vonage, por exemplo, já estão a trabalhar neste sentido.

Legendas e legendas

Passado (até à década de 1990)

Antes da década de 1970, muito pouco ou nada era legendado ou legendado. A partir da década de 1980, os programas de televisão e os filmes raramente eram legendados. Muitas vezes, era necessário ligar outro conversor para obter legendas.

Atualidade (1990's-Today)

Hoje em dia, com a miniaturização dos microchips, as legendas são facilmente adicionadas durante o processo de fabrico e estão incluídas em todos os televisores de 13 polegadas ou maiores. Desde os anos 80, mais programas, eventos desportivos, filmes e estações de notícias começaram a incluir legendas. As legendas nem sempre são incorporadas nos filmes em DVD. Muitos contêm opções de legendas. Muitos computadores portáteis e leitores de DVD portáteis podem reproduzir legendas, mas não filmes legendados.

Futuro - 2009 e anos seguintes

Com o trabalho contínuo de tradução automática de voz para texto, esta funcionalidade poderá ser incluída no chip de legendas dos televisores para legendar automaticamente praticamente qualquer programa ou filme.

Notícias e informações impressas

Passado (até à década de 1990)

Tal como acontecia com o telefone, as notícias e informações impressas eram muitas vezes uma forma normal de saber mais sobre os acontecimentos actuais, a bolsa de valores, etc. As notícias impressas eram frequentemente notícias do "dia anterior" e já estavam desactualizadas quando chegavam à sua porta. A pesquisa de notícias era geralmente efectuada de duas formas. Tinha de se deslocar fisicamente a uma biblioteca e procurar manualmente um tópico nos jornais e/ou nos ficheiros de microfichas. Isto era muitas vezes trabalhoso e demorado. A pesquisa nem sequer estava disponível. Era necessário fazer estimativas ou utilizar índices pouco fiáveis.

Presente
(1990's-Today)

A Internet contribuiu grandemente para tornar as notícias mais acessíveis a um maior número de pessoas. Já não estamos limitados às notícias locais. Atualmente, é possível selecionar e pesquisar fontes de notícias de praticamente qualquer parte do mundo. Com a ajuda de um computador, é possível pesquisar temas e palavras-chave em milhões de potenciais recursos e obter resultados quase imediatos. Infelizmente, por vezes, podemos sentir "sobrecarga de informação" - quando recebemos demasiados resultados de pesquisa e não é humanamente possível rever todas as entradas. Daí a importância de utilizar a pesquisa selectiva. Atualmente, as notícias são publicadas quase imediatamente e podemos obter as informações mais recentes sobre

factos como o preço de uma ação a uma determinada hora do dia, em vez de esperar que apareça no jornal no dia seguinte. De facto, alguns jornais deixaram de publicar as cotações diárias das acções, uma vez que a informação está agora disponível na Web.

Futuro - 2009 e anos seguintes

A Internet e as suas capacidades de pesquisa podem amadurecer e oferecer formas mais refinadas de efetuar pesquisas. Atualmente, existem algumas formas automatizadas de pesquisa e notificação de notícias. Estas podem tornar-se mais automatizadas com base nos seus perfis pessoais, actividades e planos.

Planeamento da viagem e condução

Passado (até à década de 1990) Os mapas e atlas em papel eram frequentemente necessários para longas viagens de carro e perder-se era muitas vezes uma experiência frustrante. Era frequente destacar o percurso planeado num mapa e tentar seguir os mapas em papel e procurar as saídas certas. Tentar descobrir onde ficava a próxima estação de serviço, paragem de descanso ou restaurante era muitas vezes um palpite se se estivesse a viajar por uma rota desconhecida. Era comum parar em várias bombas de gasolina para pedir indicações. Por vezes, o empregado não sabia e/ou dava-lhe informações erradas, aumentando assim os seus atrasos e frustrações.

Atualidade (1990's-Today)

Os mapas da Internet (por exemplo, Google Maps, MapQuest e Yahoo Maps) e os programas de software (por exemplo, Microsoft Streets and Trips) oferecem agora capacidades de planeamento e impressão de percursos. São bons para pesquisar um itinerário antes de uma viagem ou para introduzir itinerários num dispositivo GPS. Os dispositivos GPS, que antes só estavam disponíveis para os militares e as companhias aéreas, estão agora amplamente disponíveis para os consumidores. São bastante úteis para planear e seguir percursos de viagem. Podem ajudar a encontrar caminhos alternativos, bombas de gasolina e restaurantes. Para além disso, são também especialmente úteis para navegar à volta/através de grandes cidades, como Chicago. No entanto, os dispositivos GPS podem, por vezes, criar percursos incorrectos ou levar a becos sem saída. É por isso que é importante planear com antecedência e usar o bom senso quando se confia nos dispositivos para obter direcções. Por outro lado, alguns agricultores utilizam atualmente dispositivos GPS para guiar os seus veículos quando tratam das suas colheitas. Isto ajuda a evitar a sobre ou sub plantação. Uma tecnologia semelhante pode demorar algum tempo a adaptar-se aos milhões de veículos que circulam nas estradas. Os navios de cruzeiro, os barcos e as companhias aéreas também estão a utilizar dispositivos GPS.

Futuro - 2009 e no futuro, o seu automóvel poderá conduzi-lo automaticamente do ponto A ao ponto B através de alguns comandos simples. No entanto, penso que muitas pessoas continuarão a querer conduzir e ter controlo total sobre os seus carros - conduzir é suposto ser divertido. Bem - quase - exceto nas horas de ponta nas grandes cidades. É necessário ter em conta uma série de factores complexos antes de um automóvel poder conduzir-se a si próprio na totalidade. Os engenheiros têm de descobrir como os carros podem reagir a situações inesperadas para evitar acidentes e a queda de objectos. Por exemplo, se um carro avariar à sua frente, se um animal ou obstáculo aparecer subitamente na estrada. As condições atmosféricas, como a neve e a chuva, podem afetar a capacidade de os automóveis automatizados se manterem em contacto com os sensores da estrada e/ou os satélites. Atualmente, está em curso a investigação sobre veículos autónomos, mas, como já referi, pode demorar algum tempo até estar amplamente disponível ao público.

Redes sociais

Passado (até à década de 1990) No passado, era necessário estabelecer uma rede de contactos em conferências de trabalho e fora do escritório e trocar cartões de visita (isto ainda é feito atualmente e continua a ser uma boa forma de conhecer pessoas).

Presente

(Anos 90 - Hoje em dia)A criação de redes pode ocorrer através da utilização de sítios Web sociais na Internet.

Alguns dos mais populares são:

- Facebook
- LinkedIn
- Twitter

Estas redes sociais permitem-lhe reencontrar e estabelecer ligações com novos e velhos amigos a partir de praticamente qualquer parte do mundo. Existem várias outras redes sociais, muitas das quais também são acessíveis através de dispositivos sem fios.

Futuro - 2009 e anos seguintes

É provável que o trabalho em rede continue. Poderão existir formas mais automatizadas de trabalhar em rede. Mas, tal como acontece com a sobrecarga de informação, temos de ter cuidado para não nos "ligarmos demasiado em rede", caso contrário a nossa vida pessoal e profissional será afetada.

Referência

1. {{cite web I url=http://itknowledgeexchange.techtarget.com/modern-network-architecture/cloud-network-architecture-and-ict/ | title=Arquitetura de rede em nuvem e TIC - Arquitetura de rede moderna | author=Murray, James | publisher=TechTarget | website=ITKnowledg ref>"Tecnologia da Informação e Comunicação de". FOLDOC. 19 de setembro de 2008.

2. "TIC - O que é?". www.tutor2u.net. Recuperado em 1 de setembro de 2015.

3. Zuppo, Colrain M. "Defining ICT in a Boundaryless World: O desenvolvimento de uma hierarquia de trabalho" (PDF). Jornal Internacional de Gestão de Tecnologia da Informação (IJMIT). p. 19. Recuperado em 13 de fevereiro de 2016.

4. https://www.computer.org/web/pressroom/framework

5. William Melody et al., Information and Communication Technology: Social Sciences Research and Training: A Report by the ESRC Programme on Information and Communication Technologies, ISBN 0-86226-179-1, 1986. Roger Silverstone et al., "Listening to a long conversation: an ethnographic approach to the study of information and communication technologies in the home", Cultural Studies, 5(2), páginas 204-227, 1991.

6. Comissão Independente para as TIC nas Escolas, Information and Communication Technology in UK Schools: An Independent Inquiry, 1997. Impacto referido em Jim Kelly, What the Web is Doing for Schools, Financial Times, 2000.

7. Royal Society, Shut down or restart? The way forward for computing in UK schools, 2012, página 18.

8. Ministério da Educação, "National curriculum in England: computing programmes of study".

9. Gabinete das Nações Unidas para as Tecnologias da Informação e da Comunicação, Sobre

10. "Custos de TI - Os custos, o crescimento e o risco financeiro dos activos de software". OMT-CO Consultoria em Tecnologia de Gestão de Operações GmbH. Recuperado em 26 de junho de 2011.

11. http://www.whitehouse.gov/sites/default/files/omb/assets/egov_docs/2014_budget_priorities_20130410.pdf

12. "The World's Technological Capacity to Store, Communicate, and Compute Information", Martin Hilbert e Priscila López (2011), Science (journal), 332(6025), 60-65; ver também "free access to the study" e "video animation".

13. " Information in the Biosphere: Biological and Digital Worlds ", Gillings, M. R., Hilbert, M., & Kemp, D. J. (2016), Trends in Ecology & Evolution, 31(3), 180-189; acesso livre ao artigo http://escholarship.org/uc/item/38f4b791

14. [http:// 10.1016/j.telpol.2016.01.006 "A má notícia é que o fosso no acesso digital veio para ficar: Domestically installed bandwidths among 172 countries for 1986-2014"], Martin Hilbert (2016), Telecommunication Policy; acesso livre ao artigo http://escholarship.org/uc/item/2jp4w5rq

15. "Figura 1.9 Quota do sector das TIC no valor acrescentado total, 2013". doi:10.1787/888933224163.

16. "Medir a sociedade da informação" (PDF). União Internacional das Telecomunicações. 2011. Recuperado em 25 de julho de 2013.

17. "A UIT divulga dados anuais globais de TIC e classificações de países do Índice de Desenvolvimento de TIC - librarylearningspace.com". Recuperado em 1 de setembro de 2015.

18. "Informações básicas: sobre a wsis". União Internacional das Telecomunicações. 17 de janeiro de 2006. Recuperado em 26 de maio de 2012.

19. "Factos e números das TIC - O mundo em 2015". ITU. Recuperado em 1 de setembro de 2015.

20. "TIC na Educação". Unesco. Unesco. Recuperado em 10 de março de 2016.

21. "A UIT divulga dados anuais globais sobre as TIC e classificações dos países do Índice de Desenvolvimento das TIC". www.itu.int. Recuperado em 1 de setembro de 2015.

22. "Inquérito: 1 em cada 6 utilizadores da Internet possui um smartwatch ou um monitor de fitness". ARC. Recuperado em 1 de setembro de 2015.

23. "A UIT divulga dados anuais globais sobre as TIC e classificações dos países do Índice de Desenvolvimento das TIC". www.itu.int. Recuperado em 1 de setembro de 2015.

24. Bimber, Bruce (1 de janeiro de 1998). "A Internet e a transformação política: Populism, Community, and Accelerated Pluralism". Polity. **31** (1): 133-160. JSTOR 3235370. doi:10.2307/3235370.

25. Hussain, Muzammil M.; Howard, Philip N. (1 de março de 2013). "O que explica melhor as cascatas de protesto bem-sucedidas? ICTs and the Fuzzy Causes of the Arab Spring". Revista de Estudos Internacionais. **15** (1): 48-66. ISSN 1521-9488. doi:10.1111/misr.12020.

26. Kirsh, David (2001). "O contexto do trabalho". Human Computer Interaction.

27. wekipedia

CAPÍTULO - 4

Comunicação Haptic

A comunicação háptica é um ramo da comunicação não-verbal que se refere às formas como as pessoas e os animais comunicam e interagem através do sentido do tato. O tato ou Haptics, da palavra grega antiga *haptikos*, é extremamente importante para a comunicação; é vital para a sobrevivência. O sentido do tato permite-nos experimentar diferentes sensações, tais como: prazer, dor, calor ou frio. Um dos aspectos mais significativos do tato é a capacidade de transmitir e reforçar a intimidade física. O sentido do tato é a componente fundamental da comunicação háptica nas relações interpessoais. O tato pode ser classificado em muitos termos, como positivo, lúdico, de controlo, ritualístico, relacionado com tarefas ou não intencional. Pode ser tanto sexual (o beijo é um exemplo que alguns consideram sexual) como platónico (como um abraço ou um aperto de mão).

O tato é o sentido mais precoce a desenvolver-se no feto. O desenvolvimento dos sentidos hápticos de um bebé e a sua relação com o desenvolvimento de outros sentidos, como a visão, tem sido alvo de muita investigação. Observou-se que os bebés humanos têm enormes dificuldades em sobreviver se não possuírem o sentido do tato, mesmo que mantenham a visão e a audição. Os bebés que conseguem perceber através do tato, mesmo sem visão e audição, tendem a sair-se muito melhor.

Tal como acontece com os bebés, nos chimpanzés o sentido do tato está muito desenvolvido. Enquanto recém-nascidos, vêem e ouvem mal, mas agarram-se fortemente às mães. Harry Harlow realizou um estudo controverso com macacos rhesus e observou que os macacos criados com uma "mãe de tecido felpudo", um aparelho de alimentação de arame envolto num tecido felpudo mais macio que proporcionava um nível de estimulação tátil e conforto, eram consideravelmente mais estáveis emocionalmente em adultos do que os que tinham uma simples mãe de arame. Para a sua experiência, apresentou aos bebés uma mãe substituta vestida e uma mãe substituta de arame que segurava um biberão com comida. Verificou-se que os macacos rhesus passavam a maior parte do tempo com a mãe de pano felpudo, em vez da mãe substituta de arame com um biberão de comida, o que indica que preferiam o toque, o calor e o conforto ao sustento

Bater, empurrar, puxar, beliscar, pontapear, estrangular e lutar corpo a corpo são formas de toque no contexto da violência física. Numa frase como "Eu nunca lhe toquei" ou "Não te atrevas a tocar-lhe", o termo "toque" pode ser usado como eufemismo para designar quer o abuso físico quer o toque sexual. A palavra **toque** tem muitas outras utilizações metafóricas. Uma pessoa pode ser emocionalmente tocada, referindo-se a uma ação ou objeto que evoca uma resposta emocional. Dizer "eu fui touched by your letter" implica que o leitor sentiu uma forte emoção ao ler a carta. Normalmente, não inclui raiva, nojo ou outras formas de rejeição emocional, a menos que seja utilizada de forma sarcástica. Stoeltje (2003) escreveu sobre como os americanos estão= a perder o contacto' com esta importante competência de comunicação. Durante um estudo realizado pela Faculdade de Medicina da Universidade de Miami, Touch Research Institutes, as crianças americanas foram consideradas mais agressivas do que as suas congéneres francesas enquanto brincavam num parque infantil. Verificou-se que as mulheres francesas tocavam nos seus filhos com mais frequência do que os pais americanos.

Os gestores devem conhecer a eficácia da utilização do toque na comunicação com os subordinados, mas precisam de ser cautelosos e compreender como o toque pode ser mal interpretado. Uma mão no ombro para uma pessoa pode significar um gesto de apoio, enquanto para outra pode significar um avanço sexual. Ao trabalhar com outras pessoas e ao utilizar o toque para comunicar, o gestor tem de estar ciente da tolerância ao toque de cada pessoa. A investigação de Henley (1977) concluiu que uma pessoa no poder tem mais probabilidades de tocar num subordinado, mas o subordinado não é livre de tocar na mesma moeda. O toque é uma poderosa ferramenta de comunicação não-verbal e este padrão diferente entre um superior e um subordinado pode levar à confusão sobre se o toque é motivado por domínio ou intimidade, de acordo com Borisoff e Victor.

Walton afirma no seu livro que o toque é a expressão máxima de proximidade ou confiança entre duas pessoas, mas não é frequente em relações comerciais ou formais. O toque realça o carácter especial da mensagem que está a ser enviada por quem a inicia. "Se uma palavra de elogio for acompanhada de um toque no ombro, é a estrela dourada na fita", escreveu Walton.

SocialZpolite

A passagem de uma categoria háptica para outra pode ser confundida pela cultura. Há muitas zonas nos Estados Unidos onde um toque no antebraço é aceite como socialmente correto e educado. No entanto, no Midwest, este nem sempre é um comportamento aceitável.

A ligação inicial com outra pessoa num ambiente profissional começa normalmente com um toque, especificamente um aperto de mão. O aperto de mão de uma pessoa pode dizer muito sobre ela e a sua personalidade. Chiarella (2006) escreveu um artigo para a revista Esquire, explicando aos leitores predominantemente masculinos como os apertos de mão diferem de pessoa para pessoa e como enviam mensagens não-verbais. Mencionou que manter o aperto de mão durante mais de dois segundos resultará numa paragem da conversa verbal, pelo que o não-verbal se sobreporá à comunicação verbal.

Jones explicou a comunicação através do toque como a forma mais íntima e envolvente que ajuda as pessoas a manter boas relações com os outros. O seu estudo com Yarbrough abrangeu sequências de toques e toques individuais.

As sequências de toque dividem-se em dois tipos diferentes: repetitivas e estratégicas. Repetitivo é quando uma pessoa toca e a outra pessoa retribui. A maioria destes toques é considerada positiva. O toque estratégico é uma série de toques geralmente com um motivo oculto ou ulterior, fazendo com que pareça estar a usar o toque como um jogo para conseguir que alguém faça algo por ele.

Mais comuns do que os toques sequenciais são os toques individuais ou isolados. Estes devem ser lidos utilizando o contexto total do que foi dito, a natureza da relação e o tipo de ambiente social envolvido quando a pessoa foi tocada.

Yarbrough concebeu um projeto de como tocar. Ela designou as diferentes zonas do corpo consoante sejam "tocáveis" ou não. As partes do corpo não vulneráveis (NVBP) são a mão, o braço, o ombro e a parte superior das costas, e as partes do corpo vulneráveis (VBP) são todas as outras regiões do corpo.

A desatenção civil é definida como a forma educada de gerir a interação com estranhos, não se envolvendo em qualquer comunicação interpessoal ou necessitando de responder ao toque de um estranho. Goffman utiliza o estudo de um elevador para explicar este fenómeno. Não é comum as pessoas olharem, falarem ou tocarem na pessoa que está ao seu lado. Apesar de poderem estar tão cheias de gente que "tocam" noutra pessoa, mantêm frequentemente uma atitude inexpressiva para não afetar as pessoas à sua volta.

AmizadeZwarmth

É mais aceitável que as mulheres toquem do que os homens em contextos sociais ou de amizade, possivelmente devido ao domínio inerente da pessoa que toca sobre a pessoa que é tocada. Whitcher e Fisher realizaram um estudo para verificar se o toque terapêutico para reduzir a ansiedade diferia entre os sexos. Foi pedido a uma enfermeira que tocasse nos pacientes durante um minuto enquanto estes olhavam para um panfleto durante um procedimento pré-operatório de rotina. As mulheres reagiram positivamente ao toque, enquanto os homens não reagiram. Supôs-se que os homens equiparavam o toque ao facto de serem tratados como inferiores ou dependentes.

Verificou-se que o toque entre os membros da família afecta o comportamento das pessoas envolvidas. São vários os factores que intervêm no contexto familiar. À medida que a criança cresce, a quantidade de toques dos pais diminui.

Os rapazes distanciam-se dos pais mais cedo do que as raparigas. Há mais contacto com os pais do mesmo sexo do que com os pais de sexos diferentes.

Um estudo da comunicação não-verbal sobre a forma como os homens 'conversam' em bares mostra que as mulheres gostam que os homens toquem, mas é o facto de tocarem noutros homens que as intriga. Os homens que estão a tocar nos outros são vistos como tendo um estatuto e um poder social mais elevados do que aqueles que não estão a tocar nos outros.

O estudo revelou que as mulheres eram mais receptivas aos homens que exigiam mais espaço social e que, quando uma mulher entra num bar, os homens afastam as suas bebidas para lhe indicar que têm espaço no seu "domínio" para elas.

Significados

A investigação sobre o toque efectuada por Jones e Yarbrough (1985) revelou 18 significados diferentes do toque, agrupados em sete tipos: Afeto positivo (emoção), brincadeira, controlo, ritual, híbrido (misto), relacionado com a tarefa e toque acidental.

Afeto positivo

Estes toques comunicam emoções positivas e ocorrem sobretudo entre pessoas que têm relações próximas.

Apoiar: Servem para acarinhar, tranquilizar ou prometer proteção. Estes toques ocorrem geralmente em situações que exigem virtualmente ou tornam claramente preferível que uma pessoa mostre preocupação por outra que esteja a passar por dificuldades.

Apreciação: Expressar gratidão por algo que outra pessoa tenha feito.

Inclusão: Chama a atenção para o ato de estar junto e sugere proximidade psicológica. Afeto: Expressar uma consideração positiva generalizada para além do mero reconhecimento do outro.

Lúdico

Estes toques servem para tornar mais leve uma interação. Estes toques comunicam uma dupla mensagem, uma vez que envolvem sempre um sinal de jogo, verbal ou não verbal, que indica que o comportamento não deve ser levado a sério. Estes toques podem ainda ser classificados como carinhosos e agressivos.

Afeto lúdico: Serve para tornar a interação mais leve. A seriedade da mensagem positiva é diminuída pelo sinal de brincadeira. Estes toques indicam provocação e são geralmente mútuos.

Agressão lúdica: Tal como o afeto lúdico, estes toques são utilizados para facilitar a interação, mas o sinal de brincadeira indica agressão. Estes toques são iniciados, e não mútuos. Controlo

Estes toques servem para direcionar o comportamento, a atitude ou o estado de espírito do destinatário. A principal caraterística destes toques é o facto de quase todos eles serem iniciados pela pessoa que tenta influenciar. Estes toques podem ainda ser classificados como de obediência, de obtenção de atenção e de anúncio de uma resposta. Conformidade: Tentativas de dirigir o comportamento de outra pessoa e, muitas vezes, implicitamente, de influenciar atitudes ou sentimentos.

Captar a atenção: Servir para direcionar o foco percetivo dos receptores tácteis para algo.

Anúncio de uma resposta: Chamar a atenção e enfatizar um estado de sentimento do iniciador; solicita implicitamente uma resposta de afeto de outra pessoa.

Ritualística

Estes toques consistem em toques de saudação e de partida. Não têm outra função senão ajudar a fazer transições para dentro e para fora da interação focalizada.

Cumprimentar: Servir como parte do ato de reconhecimento do outro na abertura de um encontro.

Partida: Servir como parte do ato de encerramento de um encontro

Híbrido

Estes toques envolvem dois ou mais dos significados acima descritos. Estes toques podem ainda ser classificados como de saudação/afeto e de partida/afeto.

Cumprimentar/afetar: Expressar afeto e reconhecimento do início de um encontro Partida/afeto: Exprime afeto e serve para encerrar um encontro.

Estes toques estão diretamente associados à execução de uma tarefa. Estes toques podem ainda ser classificados como:

1. Referência à aparência: Apontar ou inspecionar uma parte do corpo ou um artefacto referido num comentário verbal sobre a aparência
2. Auxiliar instrumental: Ocorrer como uma parte desnecessária da realização de uma tarefa
3. Instrumental intrínseco: Realizar uma tarefa em si e por si, ou seja, um toque de ajuda.

Acidental

Estes toques são vistos como não intencionais e não têm qualquer significado. Consistem principalmente em escovadelas. Uma investigação realizada por Martin num contexto de comércio retalhista revelou que os compradores masculinos e femininos que foram acidentalmente tocados por trás por outros compradores abandonaram a loja mais cedo do que as pessoas que não foram tocadas e avaliaram as marcas de forma mais negativa, o que resultou no efeito do toque interpessoal acidental

Cultura

A quantidade de contacto que ocorre numa cultura baseia-se em grande medida no contexto elevado ou baixo relativo da cultura.

Contacto elevado

Numa cultura de elevado contacto, muitas coisas não são ditas verbalmente, mas são expressas através do toque físico. Por exemplo, beijar as bochechas é um método muito comum de saudação na América Latina, mas entre os europeus é uma forma pouco comum de saudação. As diferentes culturas têm regras de exibição diferentes, o grau com que as emoções são expressas. As regras culturais de exibição também afectam o grau em que os indivíduos partilham o seu espaço pessoal, o olhar e o contacto físico durante as interações. Numa cultura de elevado contacto , como a América do Sul, a América Latina, o Sul da Europa, a África, a Rússia, o Médio Oriente e outras, as pessoas tendem a partilhar mais o contacto físico. As culturas de elevado contacto comunicam através de olhares longos, abraços longos e partilham uma diminuição da proxémica, etc.

Contacto reduzido

As culturas de baixo contacto, tais como: Estados Unidos, Canadá, Norte da Europa, Austrália e Nova Zelândia e Ásia preferem toques pouco frequentes, maior distância física, orientações corporais indirectas (durante a interação) juntamente com olhares pouco partilhados. Na cultura tailandesa, o beijo na bochecha de um amigo é menos comum do que na América Latina. Remland e Jones (1995) estudaram grupos de pessoas que comunicam e descobriram que em Inglaterra (8%), França (5%) e Países Baixos (4%), o toque era raro em comparação com a amostra italiana (14%) e grega (12,5%).

Diferenças internas

A frequência do toque também varia significativamente entre culturas diferentes. Harper refere-se a vários estudos, um dos quais examinou o toque em cafés. Durante uma sessão de uma hora, foram observados 180 toques entre os porto-riquenhos, 110 entre os franceses, nenhum entre os ingleses e 2 entre os americanos. (Harper, 297). Para saber se alguém estava a tocar-se com mais frequência do que o normal, seria necessário saber primeiro o que é normal nessa cultura. Em países com muito contacto, um beijo na face é considerado um cumprimento educado, enquanto na Suécia pode ser considerado presunçoso. Jandt refere que, nalguns países, dois homens de mãos dadas é um sinal de afeto amigável, enquanto nos Estados Unidos o mesmo código tátil seria provavelmente interpretado como um símbolo de amor homossexual (85).

Emoção e tato

Recentemente, os investigadores demonstraram que o tato comunica emoções distintas, como a raiva, o medo, a felicidade, a simpatia, o amor e a gratidão. Além disso, a precisão com que os sujeitos eram capazes de comunicar as emoções era proporcional às manifestações faciais e vocais de emoção.

Tecnologia Haptic

A comunicação háptica ou **cinestésica** recria o sentido do tato através da aplicação de forças, vibrações ou movimentos ao utilizador. Esta estimulação mecânica pode ser utilizada para ajudar na criação de objectos virtuais numa simulação informática, para controlar esses objectos virtuais e para melhorar o controlo remoto de máquinas e dispositivos (telerrobótica). Os dispositivos hápticos podem incorporar sensores tácteis que medem as forças exercidas pelo utilizador na interface.

A maioria dos investigadores distingue três sistemas sensoriais relacionados com o sentido do tato nos seres humanos: cutâneo, cinestésico e háptico. Todas as percepções mediadas pela sensibilidade cutânea e/ou cinestésica são designadas por perceção tátil. O sentido do tato pode ser classificado como passivo e ativo, e o termo "háptico" é frequentemente associado ao tato ativo para comunicar ou reconhecer objectos.

A tecnologia háptica tornou possível investigar o funcionamento do sentido humano do tato, permitindo a criação de objectos virtuais hápticos cuidadosamente controlados.

A palavra háptico, do grego: απτrκος (haptikos), significa "relativo ao sentido do tato" e vem do verbo grego απτεσθαr haptesthai, que significa "contactar" ou "tocar".

História

Uma das primeiras aplicações da tecnologia háptica foi em aeronaves de grande porte que utilizam sistemas servomecânicos para operar as superfícies de controlo. Esses sistemas tendem a ser "unidireccionais", o que significa que as forças externas aplicadas aerodinamicamente às superfícies de controlo não são percebidas nos comandos. Neste caso, as forças normais em falta são simuladas com molas e pesos. Em aeronaves mais leves, sem sistemas servo, à medida que a aeronave se aproximava de um estol, o buffeting aerodinâmico (vibrações) era sentido nos controlos do piloto. Este era um aviso útil de uma condição de voo perigosa. Esta vibração dos comandos não é sentida quando são utilizados sistemas de servo controlo. Para substituir este sinal sensorial em falta, o ângulo de ataque é medido e quando se aproxima do ponto crítico de perda

No ponto de controlo, é ativado um agitador de varas que simula a resposta de um sistema de controlo mais simples. Em alternativa, a força do servo pode ser medida e o sinal direcionado para um sistema servo no controlo, conhecido como feedback de força. O feedback de força foi implementado experimentalmente nalgumas escavadoras e é útil na escavação de material misto, como grandes rochas incrustadas em lodo ou argila. Permite ao operador "sentir" e contornar obstáculos invisíveis, permitindo um aumento significativo da produtividade e um menor risco de danos na máquina.

A primeira patente americana para um telefone tátil foi concedida a Thomas D. Shannon em 1973. Um dos primeiros sistemas de comunicação tátil homem-máquina foi construído por A. Michael Noll nos Bell Telephone Laboratories, Inc. no início da década de 1970 e a sua invenção foi patenteada em 1975.

Colete Aura Interactor(fontes wekipediajournal)

Em 1994, a Aura Systems lançou o colete Interactor, um dispositivo de feedback de força que monitoriza um sinal áudio e utiliza a tecnologia de atuador eletromagnético patenteada da Aura para converter ondas sonoras graves em vibrações que podem representar acções como um murro ou um pontapé. O colete Interactor liga-se à saída de áudio de uma aparelhagem, TV ou videogravador e o utilizador dispõe de controlos que permitem ajustar a intensidade da vibração e filtrar os sons de alta frequência. O colete

Interactor é usado na parte superior do tronco e o sinal áudio é reproduzido através de um altifalante incorporado no colete. Depois de vender 400.000 unidades do seu colete Interactor, a Aura começou a comercializar o Interactor Cushion, um dispositivo que funciona como o colete, mas que, em vez de ser usado, é colocado nas costas de um assento e o utilizador tem de se encostar a ele. Tanto o colete como a almofada foram lançados com um preço de 99 dólares

O dispositivo Tap-in de Jensen

Em 1995, o norueguês Geir Jensen descreveu um dispositivo háptico de relógio de pulso com um mecanismo de toque na pele, denominado Tap-in. Este dispositivo ligava-se a um telemóvel através de Bluetooth. Os padrões de frequência dos toques identificariam os autores das chamadas para um telemóvel e permitiriam ao utilizador responder através de mensagens curtas selecionadas. O projeto foi apresentado a um concurso governamental de inovação e não recebeu qualquer prémio. Não foi prosseguido ou publicado até ser recuperado em 2015. O dispositivo Tap-in de Jensen foi concebido de frente para o utilizador para evitar torcer o pulso (ver imagem). Adaptar-se-ia a todos os marcas de telemóveis e relógios. Em 2015, a Apple começou a vender um relógio de pulso que incluía a deteção de notificações e alertas no telemóvel do utilizador do relógio.

Aplicações comerciais

Ecrãs electrónicos tácteis

Um ecrã eletrónico tátil é um tipo de dispositivo de visualização que apresenta informações de forma tátil.

Teleoperadores e simuladores

Os teleoperadores são ferramentas robóticas controladas à distância - quando as forças de contacto são reproduzidas para o operador, chama-se *teleoperação háptica*. Os primeiros teleoperadores com acionamento elétrico foram construídos na década de 1950 no Laboratório Nacional de Argonne por Raymond Goertz para manipular remotamente substâncias radioactivas. Desde então, a utilização de feedback de força tornou-se mais generalizada noutros tipos de teleoperadores, tais como dispositivos de exploração subaquática controlados à distância.

Quando estes dispositivos são simulados através de um computador (como acontece nos dispositivos de formação de operadores), é útil fornecer o feedback de força que seria sentido em operações reais. Uma vez que os objectos manipulados não existem fisicamente, as forças são geradas através de controlos hápticos (geradores de força) do operador. Os dados que representam as sensações tácteis podem ser guardados ou reproduzidos utilizando essas tecnologias hápticas. Os simuladores hápticos são utilizados em simuladores médicos e simuladores de voo para formação de pilotos. É muito importante exercer uma força de magnitude adequada para o utilizador. Para tal, é necessário ter em conta a sensibilidade humana à força.

Jogos de vídeo

A retroação háptica é habitualmente utilizada nos jogos de arcada, especialmente nos jogos de vídeo de corridas. Em 1976, o jogo de motas *Moto-Cross* da Sega, também conhecido como *Fonz*, foi o primeiro jogo a utilizar o feedback háptico, que fazia vibrar o guiador durante uma colisão com outro veículo. *O TX-I* de Tatsumi introduziu o force feedback nos jogos de condução automóvel em 1983. O jogo

Earthshakerl foi a primeira máquina de pinball com feedback háptico em 1989. Os dispositivos hápticos simples são comuns na forma de controladores de jogos, joysticks e volantes. As primeiras implementações foram efectuadas através de componentes opcionais, como o *Rumble Pak* do comando da Nintendo 64 em 1997. No mesmo ano, foi lançado o Microsoft SideWinder Force Feedback Pro com feedback incorporado da Immersion Corporation. Muitos controladores e joysticks de consolas da nova geração também possuem dispositivos de feedback incorporados, incluindo a tecnologia DualShock da Sony e a tecnologia Impulse Trigger da Microsoft. Alguns comandos de volante de automóveis, por exemplo, são

programado para proporcionar uma "sensação" da estrada. Quando o utilizador faz uma curva ou acelera, o volante responde resistindo às curvas ou escorregando fora de controlo.

Em 2007, a Novint lançou o Falcon, o primeiro dispositivo tátil 3D de consumo com feedback de força tridimensional de alta resolução; isto permitiu a simulação háptica de objectos, texturas, recuo, impulso e a presença física de objectos em jogos. Em 2013, a Valve anunciou uma linha de microconsolas Steam Machines, incluindo uma nova unidade Steam Controller que utiliza electroímanes ponderados capazes de fornecer uma vasta gama de feedback háptico através dos trackpads da unidade. Os sistemas de feedback destes controladores estão abertos ao utilizador, o que lhe permite configurar o feedback para que ocorra de formas e situações quase ilimitadas. Em 2014, os investigadores da LG Electronics, liderados por Youngjun Cho, mostraram uma nova técnica para gerar automaticamente efeitos hápticos numa almofada háptica na interação com conteúdos multimédia no ACTUATOR 2014 em Bremen, Alemanha.

Em 2017, o Joy-Con da Nintendo Switch introduziu a funcionalidade HD Rumble. Tem um elevado nível de precisão, o que lhe permite simular a sensação de segurar, mover e utilizar objectos. *O 1-2-Switch* tem uma série de minijogos que demonstram esta funcionalidade.

Computadores pessoais

Em 2008, o MacBook e o MacBook Pro da Apple começaram a incorporar um design de "Touchpad tátil" com funcionalidade de botão e feedback tátil incorporado na superfície de rastreio. Seguiram-se produtos como o Synaptics ClickPad.

Dispositivos móveis

Vibramotor do LG Optimus L7 Il(Sourceswekipediajoumals)

O feedback tátil háptico é comum nos aparelhos celulares. Os fabricantes de telemóveis, como a Nokia, a LG e a Motorola, estão a incluir diferentes tipos de tecnologias hápticas nos seus aparelhos; na maioria dos casos, estas tecnologias assumem a forma de uma resposta vibratória ao toque. A Alpine Electronics utiliza uma tecnologia de feedback háptico denominada *PulseTouch* em muitas das suas unidades de navegação e estéreo com ecrã tátil para automóveis O Nexus One inclui feedback háptico, de acordo com as suas especificações. A Samsung lançou pela primeira vez um telemóvel com tecnologia háptica em 2007.

A háptica de superfície refere-se à produção de forças variáveis no dedo de um utilizador à medida que este interage com uma superfície, tal como um ecrã tátil. O Tanvas utiliza uma tecnologia eletrostática para controlar as forças no plano experimentadas pela ponta de um dedo, como uma função programável do movimento do dedo. O projeto TPaD Tablet utiliza uma tecnologia ultra-sónica para modular o deslizamento de um ecrã tátil de vidro, como se o dedo do utilizador estivesse a flutuar numa almofada de ar.

Em fevereiro de 2013, foi concedida à Apple Inc. a patente para um sistema de feedback háptico mais preciso, adequado a superfícies multitoque. A patente americana da Apple para um "Método e aparelho para localização de feedback háptico" descreve um sistema em que pelo menos dois actuadores são posicionados por baixo de um dispositivo de entrada multi-toque para fornecer feedback vibratório quando um utilizador entra em contacto com a unidade. Mais especificamente, a patente prevê que um atuador induza uma vibração de feedback, enquanto pelo menos um outro atuador cria uma segunda vibração para suprimir a propagação da primeira para regiões indesejadas do dispositivo, "localizando" assim a experiência háptica. Embora a patente

dá o exemplo de um "teclado virtual", a linguagem refere especificamente que a invenção pode ser aplicada a qualquer interface multi-toque.

Realidade virtual

Os sistemas hápticos estão a ganhar uma aceitação generalizada como parte essencial dos sistemas de realidade virtual, acrescentando o sentido do tato a interfaces anteriormente apenas visuais. A maioria destes sistemas utiliza a renderização háptica baseada na caneta, em que o utilizador interage com o mundo virtual através de uma ferramenta ou caneta, proporcionando uma forma de interação que é computacionalmente realista no hardware atual. Estão a ser desenvolvidos sistemas para utilizar interfaces hápticas para modelação e desenho 3D, destinados a proporcionar aos artistas uma experiência virtual de modelação interactiva real. Investigadores da Universidade de Tóquio desenvolveram hologramas 3D que podem ser "tocados" através de feedback háptico, utilizando "radiação acústica" para criar uma sensação de pressão nas mãos do utilizador (ver secção seguinte). Os investigadores, liderados por Hiroyuki Shinoda, apresentaram a tecnologia na SIGGRAPH 2009 em Nova OrleãesJ[34]J

Várias empresas estão a fabricar coletes ou fatos hápticos de corpo inteiro ou de tronco para utilização em realidade virtual imersiva, de modo a que as explosões e os impactos das balas possam ser sentidos.

Investigação

Foram efectuadas investigações para simular diferentes tipos de tato através de vibrações de alta velocidade ou outros estímulos. Um dispositivo deste tipo utiliza uma matriz de pinos, em que os pinos vibram para simular uma superfície que está a ser tocada. Embora não tenha uma sensação realista, fornece um feedback útil, permitindo a discriminação entre várias formas, texturas e resiliências. Várias APIs hápticas foram desenvolvidas para aplicações de pesquisa, como Chai3D, OpenHaptics e a Open Source H3DAPI.

Medicina

As interfaces hápticas para simulação médica podem revelar-se especialmente úteis para a formação em procedimentos minimamente invasivos, como a laparoscopia e a radiologia de intervenção, bem como para a realização de cirurgias à distância. Uma vantagem particular deste tipo de trabalho é o facto de os cirurgiões poderem realizar mais operações de um tipo semelhante com menos fadiga.

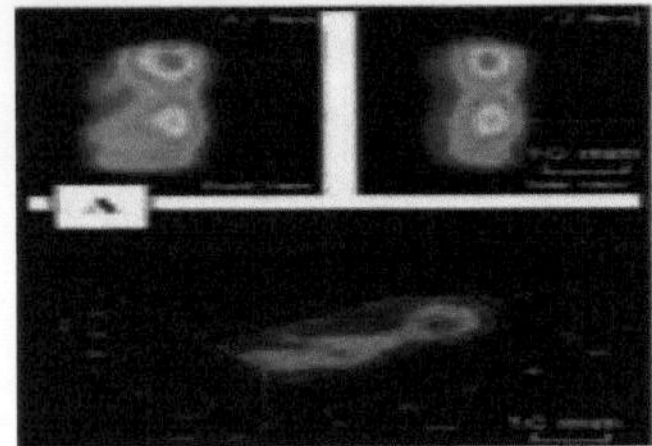

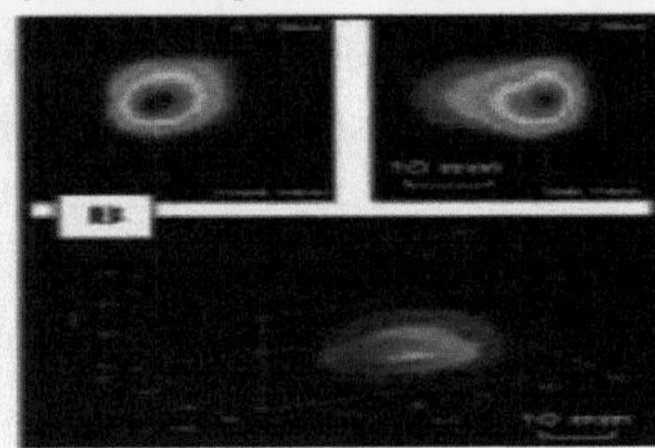

Imagens de tactos de lesões mamárias. A - dois quistos; B - carcinoma ductal invasivo

A imagiologia tátil, como modalidade de imagiologia médica, traduz o sentido do tato numa imagem digital. A imagem tátil é uma função de P(x,y,z), em que P é a pressão exercida sobre a superfície dos tecidos moles sob a deformação aplicada e x,y,z são as coordenadas onde a pressão P foi medida. A imagem tátil imita de perto a palpação manual, uma vez que a sonda do dispositivo com um conjunto de sensores de pressão montados na sua face actua de forma semelhante aos dedos humanos durante o exame clínico, deformando os tecidos moles com a sonda e detectando as alterações resultantes no padrão de pressão. As aplicações clínicas incluem a imagiologia da próstata, da mama, a avaliação da elasticidade da vagina e das estruturas de suporte do pavimento pélvico, a imagiologia funcional muscular do pavimento pélvico feminino e os pontos de gatilho miofasciais no músculo.

A imagiologia mecânica, como modalidade de diagnóstico médico que utiliza sensores mecânicos, foi introduzida em meados da década de 1990.

Um Costas Virtual Haptic (VHB) foi integrado com sucesso no currículo da Faculdade de Medicina Osteopática da Universidade de Ohio.

Robótica

A Shadow Hand utiliza o sentido do tato, da pressão e da posição para reproduzir a força, a delicadeza e a complexidade do punho humano. O SDRH foi desenvolvido por Richard Greenhill e pela sua equipa de engenheiros em Londres, no âmbito do The Shadow Project, agora conhecido como Shadow Robot Company, um programa de investigação e desenvolvimento em curso cujo objetivo é criar o primeiro humanoide artificial convincente. Um primeiro protótipo pode ser visto na coleção de robôs humanóides da NASA, ou robonautas. O Shadow Hand tem sensores hápticos incorporados em todas as articulações e almofadas dos dedos, que transmitem informações a um computador central para processamento e análise. A Universidade Carnegie Mellon, na Pensilvânia, e a Universidade de Bielefeld, na Alemanha, consideraram a Shadow Hand uma ferramenta inestimável para o avanço da compreensão da consciência háptica e

em 2006, estavam envolvidos em investigação relacionada. O primeiro PHANTOM, que permite interagir com objectos em realidade virtual através do toque, foi desenvolvido por Thomas Massie quando era aluno de Ken Salisbury no MIT.

Artes, desenho e caligrafia

O toque não se limita à sensação, mas permite a interatividade em tempo real com objectos virtuais. Assim, a háptica é utilizada nas artes virtuais, como a síntese sonora ou o design gráfico e a animação. O dispositivo háptico permite que o artista tenha contacto direto com um instrumento virtual que produz som ou imagens em tempo real. Por exemplo, a simulação de uma corda de violino produz vibrações em tempo real dessa corda sob a pressão e a expressividade do arco (dispositivo háptico) segurado pelo artista. Isto pode ser feito com síntese de modelação física.

Os desenhadores e modeladores podem utilizar dispositivos de entrada de elevado grau de liberdade que dão feedback tátil em relação à "superfície" que estão a esculpir ou a criar, permitindo um fluxo de trabalho mais rápido e natural do que os métodos tradicionais.

Os artistas que trabalham com tecnologia háptica, como os efectores vibrotácteis, são Christa Sommerer, Laurent Mignonneau e Stahl Stenslie

As tarefas de desenho digital ou de escrita à mão podem ser melhoradas e produzir melhores resultados com um feedback mais realista, concebido para permitir que os artistas ou escritores sintam que estão a desenhar ou a escrever com uma ferramenta de escrita/desenho tradicional (marcador, esferográfica, etc.). O primeiro método para concretizar este objetivo foi proposto no projeto RealPen.

Tecnologia háptica sem contacto

A tecnologia háptica sem contacto utiliza o sentido do tato sem contacto físico com um dispositivo. Este tipo de feedback envolve interações com um sistema que se encontra num espaço 3D à volta do utilizador.

Assim, o utilizador pode realizar acções num sistema sem ter de segurar um dispositivo de entrada físico.

Anéis de vórtice de ar

Os anéis de vórtice de ar são bolsas de ar em forma de donut que são rajadas de ar concentradas. Os vórtices de ar concentrados podem ter a força de apagar uma vela ou perturbar papéis a alguns metros de distância. Duas empresas específicas fizeram investigação utilizando vórtices de ar como fonte de feedback háptico sem contacto.

Investigação Disney

Em 2013, a Disney trabalhou numa tecnologia a que chamou AIREAL. Este sistema fornecia feedback háptico sem contacto através da utilização de anéis de vórtice de ar. Segundo a Disney, o AIREAL ajuda os utilizadores a experimentar texturas e a "tocar" em objectos 3D virtuais no espaço livre. Tudo isto sem a necessidade de uma luva ou de qualquer outro tipo de feedback háptico físico.

A Disney assumiu esta investigação por acreditar que a tecnologia está a avançar para aplicações de realidade virtual ou aumentada. Segundo a Disney, a peça que falta neste mundo emergente de realidade aumentada por computador é a ausência de sensação física dos objectos virtuais. A principal intenção da Disney para esta investigação era encorajar outras investigações relativas a novas aplicações de feedback háptico sem contacto

Microsoft

Em 2013, a Microsoft explorou a mesma área que a Disney. Utilizou anéis de vórtice de ar para tentar fornecer feedback háptico para uma interação à distância. A Microsoft concentrou-se sobretudo no estudo da teoria da formação de vórtices e dos parâmetros que permitem obter o anel de vórtice de ar mais eficaz para transmitir feedback háptico ao utilizador. A Microsoft concluiu que, para obter a melhor experiência com os anéis de vórtice de ar, o tamanho da abertura que produz os anéis não limita o design. No entanto, o rácio L/D é a medida mais útil. O rácio L/D ideal para um gerador de anéis de vórtice de ar situa-se entre 5 e 6. Ultrassom

O ultrassom é uma forma de onda sonora que tem uma frequência elevada. A utilização mais popular dos ultra-sons é a visualização de um bebé no útero da mãe. Em geral, estas ondas sonoras não são prejudiciais para o corpo humano e podem ser focadas facilmente. Uma empresa chamada Ultrahaptics tem trabalhado com esta tecnologia para fornecer feedback háptico sem contacto. Ultrahaptics

Fundada em 2013, a Ultrahaptics concentrou-se em fornecer aos utilizadores feedback háptico no espaço livre utilizando tecnologia de ultra-sons. Utilizam vários altifalantes de ultra-sons para fazer alterações na pressão do ar em torno do utilizador. Isto proporciona a capacidade de sentir as bolsas de ar pressurizado concentradas no ambiente. Isto dá ao utilizador pistas tácteis para gestos, interfaces invisíveis, texturas e objectos virtuais.

A empresa continua a crescer e lançou o seu programa de avaliação em 2014. Este programa inclui um aparelho que assenta sobre a mesa. Os vários altifalantes de ultra-sons estão dispostos numa grelha, que pode focar as ondas de ultra-sons diretamente sobre ela. Este tipo de tecnologia destina-se atualmente a ser utilizado em interfaces informáticas que envolvam gestos com as mãos. Aplicações futuras

As futuras aplicações da tecnologia háptica abrangem um vasto espetro de interação humana com a tecnologia. A investigação atual (desde 2013) centra-se no domínio da interação tátil com hologramas e objectos distantes, que, se for bem sucedida, pode resultar em aplicações e avanços em jogos, filmes, fabrico, medicina e outras indústrias. O sector médico tem a ganhar com as cirurgias virtuais e de telepresença, que oferecem novas opções de cuidados médicos. A indústria retalhista de vestuário poderá beneficiar da tecnologia háptica, permitindo aos utilizadores "sentir" a textura das roupas à venda na Internet. Os futuros avanços na tecnologia háptica podem criar novas indústrias que anteriormente não eram viáveis nem realistas. Interação holográfica

Os investigadores da Universidade de Tóquio estão a trabalhar na adição de feedback háptico às projecções holográficas. O feedback permite ao utilizador interagir com um holograma e receber respostas tácteis como se o objeto holográfico fosse real. A investigação utiliza ondas de ultra-sons para criar pressão de radiação acústica, que fornece feedback tátil à medida que os utilizadores interagem com o objeto holográfico. A tecnologia háptica não afecta o holograma, nem a interação com ele, apenas a resposta tátil que o utilizador percepciona. Os investigadores publicaram um vídeo que mostra o que designam por Airborne Ultrasound Tactile Display. A partir de 2008, a tecnologia não estava pronta para produção em massa ou para aplicação na indústria, mas estava a progredir rapidamente e as empresas industriais mostraram uma resposta positiva à tecnologia. Este exemplo de possível aplicação futura é o primeiro em que o utilizador não tem de estar equipado com uma luva especial ou utilizar um controlo especial - pode "simplesmente aproximar-se e utilizá-lo" Futuras aplicações médicas

Uma inovação médica atualmente em desenvolvimento (desde 2014) é uma estação de trabalho central utilizada pelos cirurgiões para realizar operações à distância. O pessoal de enfermagem local monta a máquina e prepara o doente e, em vez de se deslocar a uma sala de operações, o cirurgião torna-se telepresente. Isto permite que cirurgiões especializados operem a partir de todo o país, aumentando a disponibilidade de cuidados médicos especializados. A tecnologia Haptic fornece feedback tátil e de resistência aos cirurgiões enquanto operam o dispositivo robótico. Quando o cirurgião faz uma incisão, sente os ligamentos como se estivesse a trabalhar diretamente no doente.

Em 2003, investigadores da Universidade de Stanford estavam a desenvolver tecnologia para simular cirurgias para fins de formação. As operações simuladas permitem que os cirurgiões e os estudantes de cirurgia pratiquem e treinem mais. A tecnologia háptica ajuda na simulação, criando um ambiente realista de tato. Tal como na cirurgia por telepresença, os cirurgiões sentem os ligamentos simulados ou a pressão de uma incisão virtual como se fosse real. Os investigadores, liderados por J. Kenneth Salisbury Jr., professor de informática e cirurgia, esperam conseguir criar órgãos internos realistas para as cirurgias simuladas, mas Salisbury afirmou que a tarefa será difícil. A ideia por detrás da investigação é que "tal como os pilotos comerciais treinam em simuladores de voo antes de serem lançados sobre passageiros reais, os cirurgiões poderão praticar as suas primeiras incisões sem realmente cortar ninguém"

De acordo com um artigo da Universidade de Boston publicado na revista The Lancet, "os dispositivos baseados no ruído, como as palmilhas que vibram aleatoriamente, também podem melhorar as deficiências no controlo do equilíbrio relacionadas com a idade". Se existissem palmilhas hápticas eficazes e acessíveis, talvez se pudessem evitar muitas lesões causadas por quedas na velhice ou por doenças relacionadas com o equilíbrio.

Em fevereiro de 2013, um inventor dos Estados Unidos construiu um fato com "sentido de aranha", equipado com sensores ultra-sónicos e sistemas de feedback háptico, que alerta o utilizador para as ameaças que se aproximam, permitindo-lhe responder aos atacantes mesmo com os olhos vendados.

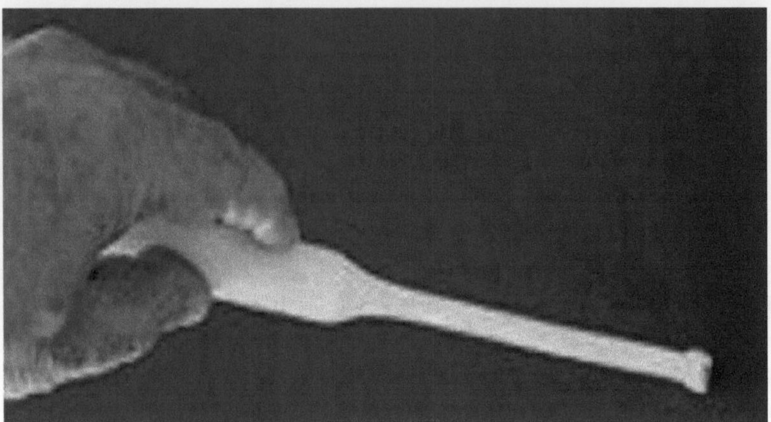

Sonda de imagiologia tátil laparoscópica (conceito de design). Durante uma cirurgia laparoscópica, a câmara de vídeo torna-se os olhos do cirurgião, uma vez que este utiliza a imagem da câmara de vídeo posicionada no interior do corpo do doente para realizar o procedimento. O feedback visual é semelhante ou muitas vezes superior ao dos procedimentos abertos. A maior limitação destas abordagens minimamente invasivas é a deficiência (no caso da laparoscopia tradicional) ou a ausência total de sensação tátil (no caso da laparoscopia robótica) normalmente utilizada para ajudar na dissecção cirúrgica e na tomada de decisões. Apesar de várias tentativas, não existe atualmente nenhum dispositivo ou sonda de imagem tátil disponível comercialmente para cirurgia laparoscópica. A figura da direita apresenta um dos dispositivos propostos, que se encontra em fase de desenvolvimento.

Referências

1. Field, Tiffany. -The Importance of Touch. | | Karger Gazette, misc.karger.com/gazette/67/Field/art_4.htm. Acedido em 25 Abr. 2017.
2. Pediatrix Medical Group, editor. -Como se desenvolvem os sentidos dos bebés. | | 2015, doi:10.4324/9781315665566. Acedido em 11 Abr. 2017.
3. Schanberg, Saul M.; Field, Tiffany M. (1987). "Estresse de privação sensorial e estimulação suplementar no filhote de rato e no recém-nascido humano prematuro". Child Development. 58 (6): 1431-47. JSTOR 1130683. PMID 3691193.
4. Leonard, Crystal. -The Sense of Touch and How It Affects Development.
5. The Sense of Touch and How It Affects Development, 14 de maio de 2009, serendip.brynmawr.edu/exchange/crystal-leonard/sense-touch-and-how-it-affects- development. Acedido em 11 Abr. 2017.
6. Michael Baker (2010-12-16), Estudos de Harlow sobre dependência em macacos, recuperado em 2017-04-25
7. Heslin, R. (1974, maio) Steps toward a taxomony of touching. Trabalho apresentado na reunião anual da Midwestern Psychological Association, Chicago, IL.
8. Borisoff, D., & Victor, D.A. (1989). Gestão de conflitos: A communication skills approach. Englewood Cliffs, NJ: Prentice-Hall.
9. Walton, D. (1989), Are you communicating? You can't manage without it, Nova Iorque, NY: McGraw-Hill Publishing.
10. Jones, Stanley E.; Yarbrough, A. Elaine (2009). "Um estudo naturalista dos significados do toque". CommunicationMonographs. 52 (1): 19-56. doi:10.1080/03637758509376094.
11. Goffman, E. (1963). Behavior in public places, Nova Iorque: Free Press.
12. Whitcher, S. J., & Fisher, J. D., (1979). Multidimensional reaction to therapeutic touch in a hospital setting. Journal of Personality and Social Psychology, 37, 87-96.
13. Morris, D. (1977), Manwatching : A field guide to human behavior. New York: Abrams.
14. Burgoon, J. K., Buller, D. B., & Woodall, W. G. (1996), Nonverbal communication: The unspoken dialogue (2.ª ed.), Nova Iorque: McGraw-Hill.
15. Patterson, M. L. (1988). Funções do comportamento não-verbal em relacionamentos íntimos.
16. S. W. Duck (Ed.), Handbook of personal relationships. New York: Springer-Verlag.
17. McEwan, B., e Johnson, S.L. Relational Violence: The Darkest Side of Haptic Communication.
18. The Nonverbal Communication Reader. Ed. L.K. Guerrero e M.L. Hall. 3ª ed., Long Grove, IL: Waveland P, 2008. Long Grove, IL: Waveland P, 2008. 232-39.
19. Martin, Brett A. S. (2012). "O toque de um estranho: Efeitos do toque interpessoal acidental nas avaliações do consumidor e no tempo de compra". Jornal de Pesquisa do Consumidor. 39 (1): 174-84. doi:10.1086/662038.
20. McCornack, Steven (2017). Choices and Connections, An Introduction to Communication [Escolhas e ligações, uma introdução à comunicação]. Boston: Bedford. pp. 141-150. ISBN 978-1-

319-04352-0.

21. Erro de citação: A referência nomeada: 02 foi invocada mas nunca definida (ver a página de ajuda).

22. Remland, M, Jones, T, & Brinkman, H 1995, 'Interpersonal Distance, Body Orientation, and Touch: Effects of Culture, Gender, and Age", Journal Of Social Psychology, 135, 3, pp. 281-297

23. Hertenstein, M. J., Keltner, D., App, B. Bulleit, B. & Jaskolka, A. (2006). O toque comunica emoções distintas. Emotion, 6, 528-533.

24. Hertenstein, M. J., Verkamp, J., Kerestes, A., & Holmes, R. (2006). As funções comunicativas do tato em humanos, primatas não-humanos e ratos: A review and synthesis of the empirical research. Monografias de Psicologia Genética, Social e Geral, 132, 5-94.

25. Carney, R., Hall A, e LeBeau L. (2005). Beliefs about the nonverbal expression of social power (Crenças sobre a expressão não-verbal do poder social). Journal of Nonverbal Behavior, 29(2),118.

26. Phyllis Davis: The Power of Touch - The Basis for Survival, Health, Intimacy, and Emotional Well-Being (O Poder do Toque - A Base para a Sobrevivência, Saúde, Intimidade e Bem-Estar Emocional)

27. DeVito J., Guerrero, L. e Hecht, M.(1999). The nonverbal communication reader: classic and contemporary readings. (2^a ed). Illinois: Waveland Press.

28. Geiser, J.L. "An Explanation of the Relationship of Nonverbal Aggression with Verbal Aggression, Nonverbal Immediacy Assertiveness, and Responsiveness." https://eidr.wvu.edu/files/947/geiser_j_etd.pdf.

29. Givens, David B. (2005). Love Signals: A Practical Field Guide to the Body Language of Courtship, St. Martin's Press, Nova Iorque.

30. Guerrero, L. (2004), Chicago Sun-Times, As mulheres gostam do toque do homem, mas há um senão. Elas preferem vê-lo noutro homem, mostra a investigação, У 11-12.

31. Hall, E. T. The Silent Language (1959). Nova Iorque: Anchor Books, 1990

32. Harper, J. (2006), The Washington Times, Men hold key to their wives[i]calm | | , A10.

33. Harper, R. G., Wiens, A. N. e Matarazzo J. D. Nonverbal communication:

34. The State of the Art. Wiley Series on Personality Processes (1978). Nova Iorque: John Wiley & Sons, Inc.

35. Hayward V, Astley OR, Cruz-Hernandez M, Grant D, Robles-De-La-Torre G. Haptic interfaces and devices. Sensor Review 24(1), pp. 16-29 (2004).

36. Holden, R. (1993). Como utilizar o poder do riso, do humor e de um sorriso vencedor no trabalho. Employee Counseling Today, 5, 17-21.

37. Jandt, F. E. Intercultural Communication (1995). Thousand Oaks: Sage Publications,

38. Ashley Montagu: Touching: The Human Significance of the Skin, Harper Paperbacks, 1986

39. Robles-De-La-Torre G. & Hayward V. Force Can Overcome Object Geometry In the perception of Shape through Active Touch. Nature 412 (6845):445-8 (2001).

40. Robles-De-La-Torre G. The Importance of the Sense of Touch in Virtual and Real

Environments (A importância do sentido do tato em ambientes virtuais e reais). IEEE Multimedia 13(3), Special issue on Haptic User Interfaces for Multimedia Systems, pp. 24-30 (2006).

41. Van Swol, L. (2003). The effects of nonverbal mirroring on perceived persuasiveness, agreement with an imitator, and reciprocity in a group discussion. Communication Research, 30(4), 20.

42. Gabriel Robles-De-La-Torre. "Sociedade Internacional de Haptics: Tecnologia Haptic, uma explicação animada". Isfh.org. Recuperado em 2010-02-26.

43. Srinivasan, M. A., & LaMotte, R. H. (1995). Tactual discrimination of softness (Discriminação tátil da suavidade). Journal of Neurophysiology, 73, 88-101.

44. Freyberger, F. K. B., & Farber, B. Discriminação da conformidade de objectos deformáveis através do aperto com um e dois dedos. Em Proceedings of EuroHaptics 2006 (pp. 271-276).

45. Bergmann Tiest, W. M., & Kappers, A. M. L. (2009a). Pistas para a perceção háptica da conformidade. IEEE Transactions on Haptics, 2, 189-199.

46. Tiest WM. Perceção tátil das propriedades dos materiais. Vision Res 2010; 50(24): 277582.

47. "Patente US3780225 - Acessório de comunicação tátil". USPTO. 18 de dezembro de 1973. Recuperado em 29 de dezembro de 2015.

48. "Man-Machine Tactile Communication," SID Journal (The Official Journal of the Society for Information Display), Vol. 1, No. 2, (julho/agosto de 1972), pp. 5-11.

49. "Patente americana 3919691 - Sistema tátil de comunicação homem-máquina". USPTO. 11 de novembro de 1975. Recuperado em 29 de dezembro de 2015.

50. "Apple-klokka ble egentlig designet i Norge for 20 âr siden". Teknisk Ukeblad digi.no. (Língua norueguesa). 30 de março de 2015.

51. Feyzabadi, S.; Straube, S.; Folgheraiter, M.; Kirchner, E.A.; Su Kyoung Kim; Albiez, J.C., "Human Force Discrimination during Active Arm Motion for Force Feedback Design," Haptics, IEEE Transactions on , vol.6, no.3, pp.309,319, julho-Set. 2013

52. Moto-Cross na lista de videojogos do Killer

53. Fonz na lista de jogos de vídeo

54. Mark J. P. Wolf (2008), The video game explosion: a history from PONG to PlayStation and beyond, p. 39, ABC-CLIO, ISBN 0-313-33868-X

55. TX-1 na lista de assassinos de videojogos

56. http://thepinballreview.com/2013/06/15/1989-williams-earthshaker-overview/

57. http://news.microsoft.com/1998/02/03/microsoft-and-immersion-continue-joint-efforts- to-advance-future-development-of-force-feedback-technology/

58. Wood, Tina (2007-04-05). "Apresentando o Novint Falcon | Tina Wood | Canal 10". On10.net. Recuperado em 2010-02-26.

59. "Dispositivos". HapticDevices. Recuperado em 22 de setembro de 2013.

60. Webster, Andrew (27 de setembro de 2013). "A Valve revela o controlador Steam". The Verge. Recuperado em 27 de setembro de 2013.

61. Y. J., Cho. "Haptic Cushion: Geração automática de feedback vibro-tátil com base em sinais de áudio para interação imersiva com multimédia". Research Gate. LG Electronics. Arquivado do original (PDF) em 17 de maio de 2017.

62. "O HD Rumble da Nintendo será o melhor recurso de Switch não utilizado de 2017". Engadget. Recuperado em 2017-05-17.

63. "O Touchpad Táctil". Publicações Electrónicas CHI 97. Arquivado do original em 17 de maio de 2017.

64. I. Scott, MacKenzie (23 de abril de 1998). "Uma comparação de três técnicas de seleção para touchpads" (PDF). CHI 98.

65. "Design do MacBook". Apple.com.

66. "ClickPad". Synaptics.com.

67. TORRANCE, Califórnia. 8 de maio de 2007. A Alpine Electronics envia a nova unidade central de áudio/vídeo + navegação Iva-W205 DoubleDin no Máquina Wayback (arquivado em 17 de novembro de 2008)

68. "O que é que se passa com a tecnologia? - Guia de tecnologia para leigos". whatswithtech.com. Recuperado em 2017-05-17.

69. "Telemóveis com ecrãs tácteis". TechHive. Recuperado em 2015-10-07.

70. Redescobrir o toque. Sítio Web da Tanvas, Inc.. recuperado em 2016-06-05

71. "Dedo no ecrã tátil eletrostático em câmara lenta". Vídeo do YouTube recuperado em 201606-05

72. "Sítio Web do projeto TPaD Tablet", recuperado em 2016-06-05

73. Pance, Aleksandar; Paul Alioshin & Brett Bilbrey, "Patente dos Estados Unidos: 8378797 - Método e aparelho para localização de feedback háptico"

74. Campbell, Mikey (2013-02-19). "Apple concedeu patente para sistema de feedback tátil mais preciso". Apple Insider. Recuperado em 3 de abril de 2013.

75. "Holograma tocável torna-se realidade (c/ vídeo)". Physorg.com. 2009-08-06. Recuperado em 2010-02-26.

76. Jacobus, C., et al., Método e sistema para simular procedimentos médicos incluindo realidade virtual e método e sistema de controlo, Patente dos EUA 5,769,640

77. Pinzon D, Byrns S, Zheng B. Prevailing Trends in Haptic Feedback Simulation for Minimally Invasive Surgery (Tendências predominantes na simulação de feedback háptico para cirurgia minimamente invasiva). Surgical innovation. 2016 Feb.

78. Egorov V, Ayrapetyan S, Sarvazyan AP. Imagiologia mecânica da próstata: Composição de imagens 3-D e cálculos de caraterísticas. IEEE Trans Med Imaging 2006; 25(10): 1329-40.

79. Weiss RE, Egorov V, Ayrapetyan S, Sarvazyan N, Sarvazyan A. Prostate mechanical imaging: a new method for prostate assessment. Urology 2008; 71(3):425-429.

80. Egorov V, Sarvazyan AP. Imagiologia mecânica da mama. IEEE Transactions on Medical Imaging 2008; 27(9):1275-87.

81. Egorov V, Kearney T, Pollak SB, Rohatgi C, Sarvazyan N, Airapetian S, Browning S,

Sarvazyan A. Differentiation of benign and malignant breast lesions by mechanical imaging. Investigação e Tratamento do Cancro da Mama 2009; 118(1): 67-80.

82. "Imagem tátil avançada". www.tactile-imaging.com. Recuperado em 2017-05-17.

83. Egorov V, van Raalte H, Sarvazyan A. Imagens tácteis vaginais. IEEE Transactions on Biomedical Engineering 2010; 57(7):1736-44.

84. van Raalte H, Egorov V. Caracterização das condições do pavimento pélvico feminino através de imagens tácteis. International Urogynecology Journal 2015; 26(4): 6097-7, com Suplemento de Vídeo.

85. Turo D, Otto P, Egorov V, Sarvazyan A, Gerber LH, Sikdar S. Elastografia e imagem tátil para a caraterização mecânica dos músculos superficiais. J Acoust Soc Am 2012; 132(3):1983.

86. Sarvazyan A (abril de 1998). "Imagiologia mecânica: uma nova tecnologia para o diagnóstico médico". Jornal Internacional de Informática Médica. 49 (2): 195-216. PMID 9741894. doi:10.1016/S1386-5056(98)00040-9.

87. Sarvazyan AP, Skovoroda AR. junho de 1996. Método e aparelho para a obtenção de imagens de elasticidade. Patente dos EUA 5,524,636; 1996.

88. "Honras e Prémios". Ent. ohiou.edu. Arquivado do original em 2 de abril de 2008. Recuperado em 2010-02-26.

89. "Shadow Robot Company: Visão geral da mão". Shadowrobot.com. Recuperado em 201002-26.

90. "Robonauta". Robonaut.jsc.nasa.gov. Recuperado em 2010-02-26.

91. Geary, James (2002). The body electric: an anatomy of the new bionic senses (O corpo elétrico: uma anatomia dos novos sentidos biónicos). Rutgers University Press. p. 130. ISBN 0-8135-3194-2.

92. EktaN., Chavan (janeiro de 2017). "Estado da arte da tecnologia háptica". JETIR. 4: 1.

93. "Sistemas FreeForm". Sensível. Recuperado em 2010-02-26.

94. "Desenvolvimento de tecnologia háptica móvel através da exploração artística (PDF DownloadAvailable)". ResearchGate. Recuperado em 2017-05-17.

95. Cho, Youngjun. "RealPen: Providing Realism in Handwriting Tasks on Touch Surfaces using Auditory-Tactile Feedback". ACM. pp. 195-205.

96. Sodhi, Rajinder; Poupyrev, Ivan; Glisson, Matthew; Israr, Ali (2013-07-01). "AIREAL: experiências táteis interativas no ar livre". ACM Trans. Graph. 32 (4): 134:1-134:10. ISSN 0730-0301. doi:10.1145/2461912.2462007.

97. Gupta, Sidhant; Morris, Dan; Patel, ShwetakN.; Tan, Desney (2013-01-01). "AirWave: Feedback tátil sem contato usando anéis de vórtice de ar". Anais da Conferência Conjunta Internacional ACM 2013 sobre Computação Pervasiva e Ubíqua. UbiComp '13. Nova Iorque, NY, EUA: ACM: 419-428.
ISBN 9781450317702. doi:10.1145/2493432.2493463.

98. Long, Benjamin (19 de novembro de 2014). "Renderização de formas hápticas

volumétricas em pleno ar usando ultrassom: Anais do ACM SIGGRAPH Asia 2014". Transações ACM em gráficos. 33: 6.

99. Cliffe, Steve. "Ultrahaptics". ULTRAHAPTICS. Arquivado do original em 17 de maio de 2017.

100. Goyal, Megha (novembro de 2013). "Haptics: Tecnologia baseada no toque" (PDF). IJSRET. 2: 486-471.

101. "A tecnologia Haptic simula o sentido do tato - através do computador". Serviço de notícias. stanford.edu. 2003-04-02. Recuperado em 2010-02-26.

102. Mary-Ann Russon (2016). Hologramas que se podem alcançar e tocar desenvolvidos por cientistas japoneses. IBTimes

103. Makino, Y., Furuyama, Y., & Shinoda, H. (2015, agosto). HaptoClone (Haptic-Optical Clone): Interação Homem-Homem Haptic-Optical em pleno ar com sincronização perfeita. Em Actas do 3º Simpósio ACM sobre Interação Espacial com o Utilizador (pp. 139-139). ACM.

104. Shinoda, H. (2015, novembro). Haptoclone como um banco de testes de interação háptica de força fraca. Em SIGGRAPH Asia 2015 Haptic Media And Contents Design (p. 3). ACM.

105. "Tecnologia | Ultrassons para dar sentido aos jogos". BBC News. 2008-09-02. Recuperado em 2010-02-26.

106. Kapoor, Shalini; Arora, Pallak; Kapoor, Vikas; Jayachandran, Mahesh; Tiwari, Manish (2017-05-17). "Haptics - Tecnologia Touchfeedback ampliando o horizonte da medicina". Jornal de Pesquisa Clínica e Diagnóstica: JCDR. 8 (3): 294-299. ISSN 2249-782X. PMC 4003673 . PMID 24783164. doi:10.7860/JCDR/2014/7814.4191.

107. Russ, Zajtchuk (2008-09-15). "Cirurgia de telepresença". Recuperado em 2017-05-17.

108. Attila A Priplata, James B Niemi, Jason D Harry, Lewis A Lipsitz, James J Collins. "Vibrating insoles and balance control in elderly people" The Lancet, Vol 362, 4 de outubro de 2003.

109. "Este fato dá-te um sentido de aranha na vida real". Forbes. 23 de fevereiro de 2013. Recuperado em 12 de março de 2013.

110. Talasaz A, Patel RV. Integração da reflexão da força com a deteção tátil para localização de tumores minimamente invasiva assistida por robótica. IEEE Trans Haptics. 2013; 6(2): 217-28.

111. Hollenstein Ml, Bugnard G, Joos R, Kropf S, Villiger P, Mazza E. Towards Iaparoscopictissue aspiration. MedImageAnal. 2013; 17(8): 1037-45.

112. Beccani M, Di Natali C, Sliker LJ, Schoen JA, Rentschler ME, Valdastri P. Palpação de tecidos sem fios para deteção intra-operatória de nódulos nos tecidos moles. IEEE Trans Biomed Eng. 2014; 61(2): 353-61.

1. Pacchierotti C, Prattichizzo D, Kuchenbecker K. Feedback cutâneo da deformação e vibração da ponta do dedo para palpação em cirurgia robótica. IEEE Trans Biomed Eng 2015 Jul 13.

2. Salisbury, J K e Srinivasan, M A, Secções sobre Haptics, em Virtual Environment Technology for Training, BBN ReportNo. 7661, preparado por The Virtual Environment and Teleoperator

Research Consortium (VETREC), MIT, 1992.

3. Srinivasan M A, Secções sobre Perceção Haptica e Interfaces Hapticas, In Bishop G, et al., Research Diretions in Virtual Environments: Report of an NSF Invitational Workshop, Computer Graphics, Vol. 26, No. 3, pp. 1992.

4. Srinivasan, M A, Interfaces Haptic, In Virtual Reality: Científica e Técnica

5. Desafios, Eds: N. I. Durlach e A. S. Mavor, Report of the Committee on Virtual Reality Research and Development, National Research Council, National Academy Press, 1995.

6. Srinivasan, M A e Basdogan, C, Haptics in Virtual Environments: Taxonomia,

7. Research Status, and Challenges, Computers and Graphics, Vol. 21, No. 4, 1997.

8. Salisbury, J K e Srinivasan, M A, Phantom-Based Haptic Interaction with Virtual Objects, IEEE Computer Graphics and Applications, Vol. 17, No. 5, 1997.

9. Srinivasan, M A, Basdogan, C, e Ho, C-H, Haptic Interactions in the Real and

10. Virtual Worlds, Design, Specification and Verification of Interactive Systems _99, Eds:D. Duke e A. Puerta, Springer-Verlag Wien, 1999.

11. Biggs, S J e Srinivasan, M A, Interfaces Haptic, Virtual Environment Handbook, Ed: KM Stanney, Lawrence ErlbaumAssociates, cap. 5, pp. 93-116, 2002.

12. Basdogan, C e Srinivasan, M A, Haptic Rendering in Virtual Environments, Virtual Environment Handbook, Ed: KM Stanney, Lawrence Erlbaum Associates, cap. 6, pp. 117-134, 2002.

13. Basdogan C, De, S, Kim, J, Muniyandi, M, Kim, H, e Srinivasan, M A. Haptics in Minimally Invasive Surgical Simulation and Training, IEEE Computer Graphics and Applications, Vol. 24, No. 2, pp. 56-64, 2004.

14. Salisbury, K, Conti, F, e Barbagli, F. Haptic rendering: Introductory concepts, IEEE Computer Graphics and Applications, Vol. 24, No. 2, pp. 24-32, 2004.

15. Kim, J, Kim, H, Tay, B K, Muniyandi, M, Jordan, J, Mortensen, J, Oliveira, M, Slater, M, Transatlantic Touch: A Study of Haptic Collaboration over Long Distance, Presence: Teleoperators & Virtual Environments, Vol. 13, No. 3, pp: 328 - 337, 2004.

16. Wessberg, J, Stambaugh, C R, Kralik, J D, Beck, P D, Laubach, M, Chapin, J K, Kim, J, Biggs, S J, Srinivasan, M A, e Nicolelis, MAL. Real-time prediction of hand trajectory by ensembles of cortical neurons in primates, Nature. 408:361-5, 2000.

17. http://members.aol.com/katydidit/bodylang.htm

18. Aitkin. L. M., C. W. Dunlop: Interação entre a excitação e a inibição no corpo geniculado medial do gato. 1. Neurophysiol. 31 (1968) 44-61

19. Boomer, D. S ... A. T. Dittmann: Hesitation pauses and juncture pauses in speech. Lang. Speech 5 (1962)215-220

20. Brady. P. T.: Uma técnica para investigar padrões on-off da fala. Bell Syst. Tech. 1.44 (1965) 1-22

21. Brady, P. T.: Uma análise estatística dos padrões on-off em 16 conversas. Bell Syst. Tech. 1. 47 (1968)73-91

22. Briihler. E .. A. Overbeck: A avaliação da interação em situações de terapia familiar através da análise automática de

23. Sprechverhaltens. Med. Psychol. 7 (1981) 79 - 94

24. Briihler. E .. A. Overbeck. D. Braun. H. Junker: Was kann die automatische Sprachanalyse des Sprech-Pausen-Verhaltens (on-off pattern) vonArzt und Patient fUr die Beurteilung von Psychotherapienleisten? Z. Psychosom. Med. Psycho anal. 20 (1974) 148- 163

25. Briihler. E ... H. Zenz: Apparative Analyse des Sprechverhaltens in der Psychotherapie. Z. Psychosom. Med. Psychoanal. 20 (1974) 328- 336

26. Cassotta. L.. S. Feldstein. J. Jaffe: AVTA: Um dispositivo para análise automática de transacções vocais. 1. Anal. Behav. 7 (1964) 99-1 04

27. Chapple. E. DzAnálise quantitativa da interação de indivíduos. Prof. Nat. Acad. Sci. USA 25 (1939) 58-67

28. Chapple. E. D.: The Interaction. Chronograph: a sua evolução e aplicação atual. Pessoal 25 (1948/49) 295-307

29. Chapple. E. D.: Movimento e som: A linguagem musical dos ritmos corporais em interação. In: Davis, Martha (ed.) Interaction Rhythms. Human Sciences Press, Nova Iorque (1982) 31- 52

30. Chapple. E. D . M. F. Chapple, L. A. Wood, A. Miklowitz, N S. Kline, C. Saunders: Interaction-Chronograph method for analysis of differences between schizophrenics and controls. Arch. Gen. Psychiatry 3 (I960) 160- 167

31. Chapple. E. D .· G. Donald: Um método de avaliação do pessoal de supervisão. Harv. Business Rev. 24 (1946) 197 -214

32. Davis, M. (ed.): Interaction Rhytms. Human Sciences Press, Nova Iorque 1982

33. EFgring. J. H.: Kommunikatives Verhalten im Verlauf depressiver Erkrankungen. In: Tack, W. H. (ed.) Bericht iiber den 30. Kongrel3 der DGfPs. Hogrefe, Giittingen (1976) 190-192

34. Feldstein. S. J., A. Welkowitz: A chronography of conversation: Em defesa de uma abordagem objetiva. In: Siegman, A. W., S. Feldstein (eds.) Nonverbal Behavior and Communication. Lawrence Erlbaum, Hillsdale (1987) 435 - 500

35. Goldman-Eisler, F.: A medição de sequências no comportamento conversacional. Br. 1. Psychol.

42 (1951) 355-362

36. Goldman-Eisler. F.: Psicolinguística. Experiments in Spontaneous speech. Academic Press, NewYork 1968

37. Gruber, J. G.: A comparison of measured and calculated speech - temporal parameters relevant to speech activity detection. IEEE Trans. Commun. COM-30 (1982) 728-738

38. Hargreaves, W. A., J. A. Starkweather: Recolha de dados temporais com o Duration Tabulator.

1. Exp. Anal. Behav. 2 (1959) 179- 183

39. Hargreaves. W. A .. J. A. Starkweather, K. H. Blacker: Qualidade de voz na depressão. 1. Abnorm. Soc. Psychol. 70 (1965) 218-220

40. Hargrove, D. S., T. A. Martin: Desenvolvimento de um sistema de microcomputador para análise de interação verbal. Behav. Res. Methods Instrum. 14 (1982) 236-239

41. Heidenfelder. K.: Objecktive Registrierung des Sprechverhaltens. Sensibilidades ali-gemeinpsicológicas e diferenciais do Logoport. Tese, Wiirzburg 1985

42. Herrmann, T.: Allgemeine Sprachpsychologie. Urban & Schwarzenberg, Miinchen) 985

43. Hormann, H.: EinfUhrung in die Psycholinguistik. Wissenschaftliche Buchgesellschaft, Wiesbaden 1981

44. Hormann, H.: Significado e contexto: An Introduction to the PsychologyofLanguage. Plenum, NewYork 1986

45. Jaekel. J.: Der Einflul3 ausgewahlter Psychopharmaka auf Kommunikationsabliiufe bei Rhesusaffen. In: Keupp, W. (ed.) Biologische Psychiatrie. Springer, Berlin (1986) 29-38 **12** Pharmacopsychiat. 22 (1989)

46. Jafle, J .. C C Dahlberg, J. Luria, S. Breskin, J. Chorosh, E. Lrick: Ritmos de fala em monólogos de pacientes: A influência do LSD e da dextroanfetamina. Biol. Psychiatry 4 (1972) 243 - 246

47. Jalfe, J., S. Feldstein: Rhythms of dialogue. Academic Press, Nova Iorque 1970

48. Klos, T.: Sprechgeschwindigkeit und Sprechp . .lUsen von Depressiven. In: Hauntzinger, M., R, Straub (eds.) Psychologische Aspekte depressiver StOrungen. Roderer, Regensburg 1984

49. Kohnen, R .. H.-P. Krilger: Efeitos de drogas no comportamento social humano: Alterações nas actividades de conversação induzidas por um agente betablocking.Pharmacopsychiatry 19 (1986) 186-187

50. Krilger, H.-P.: O que é Sprechen? Registo objetivo dos anúncios de vendas em conjunto com o logoport. In: Czogalik, D., W. Ehlers, R. Teufel (eds.) Perspektiven der Psychotherapieforschung. Hochschulverlag, Freiburg (1985) 349 - 361

51. Krilger, H.-P.: Caraterísticas não-verbais do comportamento verbal. Uma abordagem biológica da personalidade e da sintalidade. In: Actas da Conferência sobre Tendências Actuais da Comunicação Não Verbal. Arkansas 1986a

52. Krilger, H.-P. :Territorialidade no comportamento da fala. In: Actas da 5ª Conferência Internacional sobre Etiologia Humana, Tutzing 1986b

53. Krilger, H.-P. :O Logoport - um novo dispositivo de medição para o estudo do comportamento verbal em campo aberto, In: Actas da 58ª Reunião Anual da Eastern Psychological Association, Arlington 1987

54. Kruger, H,-P., A. Rausche, M. Vollrath :Níveis temporais no comportamento da fala e sua deteção. Em preparação, 1989

55. Krilger, H.-P., U. Rimkus: O Logoport. Um novo dispositivo para medir a atividade da fala. Em preparação. 1989

56. Lewin, K.: Feldtheorie in den Sozialwissenschaften. Huber, Berna 1951/1963

57. Liebermann, A. M.: Uma abordagem etológica da linguagem através do estudo da perceção da

fala. In: Cranach, M.v., K. Foppa, W. Lepenies, D, Ploog (eds.) Human Ethology. Cambridge University Press, Cambridge (1979) 682 - 704

58. Linden, M., N. Hoflmann: Die Bedeutung sequentieller Beobachtung von Verbalverhalten fUr die Diagnose und Therapie depressiven Verhaltens. In: Tack, W. H. (ed,) Bericht iiberden 30. Congresso3 do DGfP em Regensburg. Hogrefe, Gottingen 1977

59. Mahl, G. F: Perturbações dos silêncios no discurso dos pacientes em psicoterapia. J. Abnorm. Soc. Psychol. 53 (1956) 1-15

60. Mahl, G. F, G. Schulze: Pesquisa psicológica na área extralinguística. In: Sebeock, T. A., A. S. Hayes, M. e. Bateson (eds.) Approaches to Semiotics. Mouton, Haia (1964) 51124

61. Matarazzo, J. D.: Um sistema de interação de fala. In: Kiesler, D. J. (ed.) The process of Psychotherapy. Aldine, Chicago (1973) 138- 146

62. Matarazzo, J. D., A. N. Wiens, R. G. Matarazzo, G. Saslow: Comportamento de fala e silêncio em psicoterapia clínica e seus correlatos laboratoriais. In: Shlien, J. M., H. F. Hunt, J. D. Matarazzo (eds.) Research in Psychotherapy. American Psychological Association, Washington D.e. (1968) 347 - 394

63. Matarazzo, J. D., A. N. Wiens, G. Saslow: Estudos sobre o comportamento da fala em entrevistas. In: Krasner, L., L. P. Ullmann (eds.) Research in Behavior Modification. Holt, Rinehart & Winston. Nova Iorque (1965) 179-212

64. Moses, P. J.: The Voice of Neurosis (A Voz da Neurose). Grune & Stratton, Nova Iorque 1954

65. Norwine, A. C, O. J. Murphy: Characteristic time intervals in telephonicconversation. Beil Syst. Tech. J. 17 (1938) 281-291

66. 'Connell, D. C: Critical Essays on Language Use and Psychology. Springer, Nova Iorque 1988

67. O'Connell, D. C, S. Kowal: Pausologia: In: Sedelow, W., S. Sedelow (eds.) Computers in Language Research (Vol. 2). De Gruyter, Berlim (1983) 221-301

68. Ostwald, P. F: Os sons da perturbação emocional. Arch. Gen. Psychiatry 5 (1961) 587 - 592

69. Ostwald. P. F.: The Semiotics of Human Sound. Mouton, Haia 1973

68. Poyatos. F: O sistema de comunicação do locutor-ator e a sua cultura. Uma investigação preliminar. Linguística 83 (1972) 64-86 H.-

69. Todas as imagens são fontes dos jornais da Wekipedia

CAPÍTULO-5

Proxémica

A proxémica é o estudo da utilização humana do espaço e dos efeitos que a densidade populacional tem no comportamento, na comunicação e na interação social. A proxémica é uma das várias subcategorias do estudo da comunicação não-verbal, incluindo a háptica (tato), a cinésica (movimento do corpo), a vocal (paralinguagem) e a cronémica (estrutura do tempo).

Edward T. Hall, o antropólogo cultural que cunhou o termo em 1963, definiu a proxémica como "as observações e teorias inter-relacionadas da utilização do espaço pelos seres humanos como uma elaboração especializada da cultura". Na sua obra fundamental sobre a proxémica, The Hidden Dimension, Hall salientou o impacto do comportamento proxémico (a utilização do espaço) na comunicação interpessoal. Segundo Hall, o estudo da proxémica é valioso para avaliar não só a forma como as pessoas interagem com os outros na vida quotidiana, mas também "a organização do espaço nas [suas] casas e edifícios e, em última análise, a disposição das [suas] cidades". A proxémica continua a ser uma componente oculta da comunicação interpessoal que é descoberta através da observação e fortemente influenciada pela cultura.

Este artigo explora a proxémica, abordando as distâncias interpessoais do homem, a organização do espaço como territórios, os factores culturais relacionados com a proxémica e a investigação aplicada sobre as formas como as tecnologias de comunicação moldam os estudos actuais da proxémica na vida quotidiana.

Distâncias humanas

Distância interpessoal

Hall descreveu as distâncias interpessoais do homem (as distâncias relativas entre as pessoas) em quatro zonas: espaço íntimo, espaço pessoal, espaço social e espaço público.

Horizontal

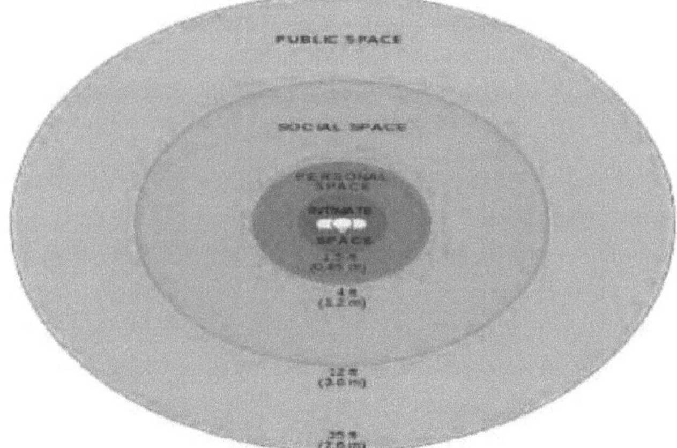

1. Um gráfico que representa as distâncias interpessoais do homem de Edward T. Hall, mostrando o raio em pés e metros

2. **Distância íntima** para abraçar, tocar ou sussurrar

o. Fase próxima - menos de 6 polegadas (15 cm)

b. Farfásia - 15 a 46 cm (6 a 18 polegadas)

3. **Distância pessoal** para interações entre bons amigos ou familiares

o. Fase de fecho - 1,5 a 2,5 pés (46 a 76 cm)

b. Fase distante - 76 a 122 cm (2,5 a 4 pés)

4. **Distância social** para interações entre conhecidos

o. Fase de fecho - 1,2 a 2,1 m (4 a 7 pés)

b. Fase distante - 2,1 a 3,7 m (7 a 12 pés)

5. **Distância do público** utilizada para falar em público

o. Fase de fecho - 12 a 25 pés (3,7 a 7,6 m)

b. Fase distante - 7,6 m (25 pés) ou mais.

A distância que rodeia uma pessoa constitui o espaço. O espaço dentro da distância íntima e da pessoal é designado por espaço pessoal. O espaço dentro da distância social e fora da distância pessoal é chamado de espaço social. E o espaço dentro da distância pública é chamado de espaço público.

O espaço pessoal é a zona que rodeia uma pessoa e que esta considera psicologicamente sua. A maioria das pessoas valoriza o seu espaço pessoal e sente desconforto, raiva ou ansiedade quando o seu espaço pessoal é invadido. Permitir que uma pessoa entre no seu espaço pessoal e entrar no espaço pessoal de outra pessoa são indicadores da perceção da relação entre essas pessoas. Uma zona íntima é reservada para amigos íntimos, amantes, filhos e familiares próximos. Outra zona é utilizada para conversas com amigos, para conversar com colegas e em discussões de grupo. Uma outra zona é reservada para estranhos, grupos recém-formados e novos conhecidos. Uma quarta zona é utilizada para discursos, palestras e teatro; essencialmente, a distância do público é o intervalo reservado a audiências maiores.

Entrar no espaço pessoal de alguém é normalmente uma indicação de familiaridade e, por vezes, de intimidade. No entanto, na sociedade moderna, especialmente em comunidades urbanas sobrelotadas, pode ser difícil manter o espaço pessoal, por exemplo, quando se está num comboio, num elevador ou numa rua sobrelotada. Muitas pessoas consideram esta proximidade física psicologicamente perturbadora e desconfortável, embora seja aceite como um facto da vida moderna. Numa situação impessoal e com muita gente, o contacto visual tende a ser evitado. Mesmo num local com muita gente, a preservação do espaço pessoal é importante e o contacto íntimo e sexual, como o frotteurismo e as apalpadelas, é um contacto físico inaceitável.

Suspeita-se que a amígdala processa as reacções fortes das pessoas às violações do espaço pessoal, uma vez que estas estão ausentes nas pessoas em que está danificada e é activada quando as pessoas estão fisicamente próximas. A investigação relaciona a amígdala com as reacções emocionais à proximidade de outras pessoas. Em primeiro lugar, é activada por essa proximidade e, em segundo lugar, nas pessoas com lesões bilaterais completas da amígdala, como é o caso da doente S.M., falta-lhes um sentido de limite do espaço pessoal. Como observaram os investigadores: "Os nossos resultados sugerem que a amígdala pode mediar a força repulsiva que ajuda a manter uma distância mínima entre as pessoas. Além disso, os nossos resultados são consistentes com os de macacos com lesões bilaterais da amígdala, que se mantêm mais próximos de outros macacos ou pessoas, um efeito que sugerimos resultar da ausência de fortes respostas emocionais à violação do espaço pessoal".

O espaço pessoal de uma pessoa é levado consigo para todo o lado. É a forma mais inviolável de território. O espaçamento e a postura do corpo, segundo Hall, são reacções não intencionais a flutuações sensoriais ou mudanças, tais como alterações subtis no som e no tom da voz de uma pessoa. A distância social entre as pessoas está correlacionada de forma fiável com a distância física, tal como a distância íntima e a distância pessoal, de acordo com as delineações abaixo. Hall não pretendia que estas medidas fossem diretrizes rigorosas que se traduzissem precisamente no comportamento humano, mas sim um sistema para avaliar o efeito da distância na comunicação e a forma como esse efeito varia entre culturas e outros factores ambientais.

Vertical

As distâncias acima mencionadas são distâncias horizontais. Há também a distância vertical que comunica algo entre as pessoas. Neste caso, no entanto, a distância vertical é frequentemente entendida como o grau de domínio ou subordinação numa relação. Olhar para cima ou para baixo de outra pessoa pode ser interpretado literalmente em muitos casos, com a pessoa mais alta a afirmar um estatuto mais elevado.

Os professores, e especialmente aqueles que trabalham com crianças pequenas, devem compreender que os alunos interagem mais confortavelmente com o professor quando estão no mesmo plano vertical. Utilizada desta forma, a compreensão da distância vertical pode tornar-se uma ferramenta para melhorar a comunicação entre professor e aluno. Por outro lado, um disciplinador pode utilizar esta informação para obter vantagens psicológicas sobre um aluno indisciplinado.

Biometria

Hall utilizou conceitos biométricos para categorizar, explicar e explorar as formas como as pessoas se relacionam no espaço. Estas variações no posicionamento são influenciadas por uma variedade de factores de comunicação não-verbais, enumerados a seguir.

1. **Factores cinestésicos**: Esta categoria diz respeito ao grau de proximidade dos participantes em relação ao toque, desde estar completamente fora da distância de contacto corporal até estar em contacto físico, quais as partes do corpo que estão em contacto e o posicionamento das partes do corpo.
2. **Código háptico**: Esta categoria comportamental diz respeito à forma como os participantes se tocam uns aos outros, como acariciar, segurar, sentir, segurar prolongadamente, tocar no local, pressionar contra, roçar acidentalmente ou não tocar de todo.
3. **Código visual**: Esta categoria indica a quantidade de contacto visual entre os participantes. São definidas quatro subcategorias, que vão desde o contacto visual até à ausência de contacto visual.
4. **Código térmico**: Esta categoria indica a quantidade de calor corporal que cada participante percepciona do outro. São definidas quatro subcategorias: calor conduzido detectado, calor radiante detectado, calor provavelmente detectado e nenhuma deteção de calor.
5. **Código olfativo**: Esta categoria diz respeito ao tipo e ao grau de odor detectado por cada participante em relação ao outro.

6. **Volume de voz**: Esta categoria refere-se ao esforço vocal utilizado na fala. São definidas sete subcategorias: silencioso, muito suave, suave, normal, normal+, alto e muito alto.

Neuropsicologia

Enquanto o trabalho de Hall utiliza as interações humanas para demonstrar a variação espacial na proxémica, o campo da neuropsicologia descreve o espaço pessoal em termos dos tipos de "proximidade" de um corpo individual.

1. **Espaço extra-pessoal**: O espaço que ocorre fora do alcance de um indivíduo.
2. **Espaço peripessoal**: O espaço ao alcance de qualquer membro de um indivíduo. Assim, estar "à distância de um braço" é estar dentro do espaço peripessoal de uma pessoa.
3. **Espaço pericutâneo**: O espaço exterior ao nosso corpo, mas que pode estar próximo do contacto com ele. Os campos perceptivos visuais e tácteis sobrepõem-se no processamento deste espaço. Por exemplo, um indivíduo pode considerar que uma pena não está a tocar na sua pele, mas mesmo assim sentir cócegas quando ela paira mesmo por cima da sua mão. Outros exemplos incluem o sopro do vento, as rajadas de ar e a passagem do calor.

A Previc subdivide ainda o espaço pessoal extra em espaço pessoal extra-focal, espaço pessoal extra-ação e espaço pessoal extra-ambiente. O espaço extra-pessoal focal está localizado nas vias temporo-frontais laterais, no centro da nossa visão, está centrado na retina e ligado à posição dos nossos olhos, e está envolvido na procura e no reconhecimento de objectos. O espaço de ação-extrapessoal está localizado nas vias temporo-frontais mediais, abrange todo o espaço, está centrado na cabeça e está envolvido na orientação e locomoção no espaço topográfico. O espaço de ação-extrapessoal proporciona a "presença" do nosso mundo. O espaço ambiente-extrapessoal percorre inicialmente as vias visuais periféricas parieto-occipitais antes de se juntar às vias vestibulares e outros sentidos do corpo para controlar a postura e a orientação no espaço terrestre fixo/gravitacional. Numerosos estudos sobre a negligência peripessoal e extrapessoal demonstraram que o espaço peripessoal se situa dorsalmente no lobo parietal, enquanto o espaço extrapessoal se situa ventralmente no lobo temporal.

Organização do espaço nos territórios

Duas pessoas não afectam o espaço pessoal uma da outra

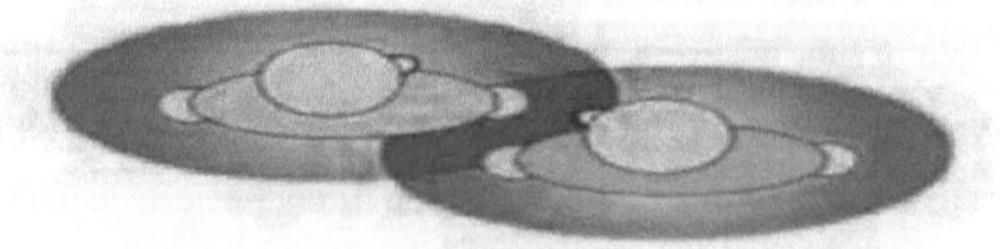

Reação de duas pessoas cujas regiões de espaço pessoal estão em conflito

Enquanto o espaço pessoal descreve o espaço imediato que rodeia uma pessoa, o território refere-se à área que uma pessoa pode "reivindicar" e defender contra outros. Na teoria proxémica, existem quatro formas de território humano. São elas:

1. Território público: um local onde se pode entrar livremente. Este tipo de território raramente está sob o controlo constante de uma só pessoa. No entanto, as pessoas podem vir a apropriar-se temporariamente de zonas do território público.
2. Território de interação: um local onde as pessoas se reúnem informalmente
3. Território de origem: um local onde as pessoas têm continuamente controlo sobre o seu território individual
4. Território do corpo: o espaço que nos rodeia imediatamente

Estes diferentes níveis de território, para além de factores que envolvem o espaço pessoal, sugerem formas de comunicar e produzir expectativas de comportamento adequado.

Para além dos territórios espaciais, os territórios interpessoais entre os interlocutores podem ser determinados pelo "eixo sócio-petal sócio-fugal", ou seja, o "ângulo formado pelo eixo dos ombros dos interlocutores". Hall estudou igualmente combinações de posturas entre díades (duas pessoas), incluindo a posição deitada, sentada ou de pé.

Factores culturais

O espaço pessoal é muito variável, devido às diferenças culturais e às preferências pessoais. Em média, as preferências variam significativamente entre países. Um estudo de 2017 concluiu que as preferências de espaço pessoal em relação a estranhos variavam entre mais de 120 cm na Roménia, Hungria e Arábia Saudita e menos de 90 cm na Argentina, Peru, Ucrânia e Bulgária.

As práticas culturais dos Estados Unidos apresentam semelhanças consideráveis com as das regiões do norte e centro da Europa, como a Alemanha, o Benelux, a Escandinávia e o Reino Unido. Os rituais de saudação tendem a ser os mesmos na Europa e nos Estados Unidos, consistindo num contacto corporal mínimo - muitas vezes limitado a um simples aperto de mão. A principal diferença cultural na proxémica é que os residentes dos Estados Unidos gostam de manter um espaço mais aberto entre eles e os seus interlocutores (cerca de 1,2 m, em comparação com 0,6-0,9 m na Europa). A história cultural europeia tem assistido a uma mudança no espaço pessoal desde o tempo dos romanos, juntamente com as fronteiras do espaço público e privado. Este tema foi explorado em *A History of Private Life* (2001), sob a direção geral de Philippe Ariès e Georges Duby. Por outro lado, as pessoas que vivem em locais densamente povoados têm provavelmente menos expectativas em relação ao espaço pessoal. Os habitantes da Índia ou do Japão tendem a ter um espaço pessoal mais pequeno do que os habitantes das estepes da Mongólia, tanto no que diz respeito à casa como aos espaços individuais. Diferentes expectativas de espaço pessoal podem levar a dificuldades na comunicação intercultural.

Hall observa que diferentes tipos de cultura mantêm diferentes padrões de espaço pessoal. O Modelo Francavilla de Tipos Culturais, também conhecido como Modelo Lewis, enumera as variações nas qualidades interactivas pessoais, indicando três pólos:

1. culturas **lineares activas**, que se caracterizam por serem frias e decididas (Alemanha, Noruega, EUA)
2. culturas **reactivas**, caracterizadas como acomodatícias e não conflituosas (Vietname,

China, Japão), e

3. culturas **multi-activas**, caracterizadas como quentes e impulsivas (Argentina, Brasil, México, Itália).

Perceber e reconhecer estas diferenças culturais melhora a compreensão intercultural e ajuda a eliminar o desconforto que as pessoas podem sentir se a distância interpessoal for demasiado grande ("standoffish") ou demasiado pequena (intrusiva).

Adaptação

As pessoas abrem excepções e modificam as suas necessidades de espaço. Várias relações podem permitir que o espaço pessoal seja modificado, incluindo laços familiares, parceiros românticos, amizades e conhecidos próximos, onde existe um maior grau de confiança e conhecimento pessoal. O espaço pessoal é afetado pela posição de uma pessoa na sociedade, sendo que os indivíduos mais abastados esperam um espaço pessoal maior. O espaço pessoal também varia consoante o sexo e a idade. Os homens utilizam normalmente mais espaço pessoal do que as mulheres, e o espaço pessoal tem uma relação positiva com a idade (as pessoas utilizam mais espaço à medida que envelhecem). A maioria das pessoas tem um sentido de espaço pessoal totalmente desenvolvido (adulto) por volta dos doze anos de idade.

Em circunstâncias em que os requisitos normais de espaço não podem ser cumpridos, como nos transportes públicos ou nos elevadores, os requisitos de espaço pessoal são modificados em conformidade. De acordo com o psicólogo Robert Sommer, um dos métodos para lidar com a violação do espaço pessoal é a **desumanização**. Ele argumenta que, no metro, as pessoas apinhadas de gente imaginam frequentemente que as pessoas que se intrometem no seu espaço pessoal são inanimadas. **O comportamento** é outro método: uma pessoa que tenta falar com alguém pode muitas vezes causar situações em que uma pessoa avança para entrar no que considera ser uma distância de conversação e a pessoa com quem está a falar pode recuar para restaurar o seu espaço pessoal.

A implementação de **pistas proxémicas** adequadas tem demonstrado melhorar o sucesso em situações comportamentais monitorizadas, como a psicoterapia, aumentando a confiança do paciente no terapeuta (ver escuta ativa). Em situações de ensino, também se verificou um aumento do sucesso no desempenho dos alunos ao diminuir a **distância** real ou **percebida** entre o aluno e o educador (perceção

No caso da videoconferência pedagógica, a distância é manipulada através de truques tecnológicos como a angulação do enquadramento e o ajuste do zoom). Os estudos demonstraram que o comportamento proxémico também é afetado quando se lida com minorias estigmatizadas dentro de uma população. Por exemplo, as pessoas que não têm experiência em lidar com pessoas com deficiência tendem a criar mais distância durante os encontros por se sentirem desconfortáveis. Outros podem julgar que a pessoa com deficiência precisa de um aumento do toque, do volume ou da proximidade.

Investigação aplicada

A teoria da proxémica é frequentemente considerada em relação ao impacto da tecnologia nas relações humanas. Embora a proximidade física não possa ser alcançada quando as pessoas estão ligadas virtualmente, a perceção da proximidade pode ser tentada e vários estudos demonstraram que é um indicador crucial da eficácia das tecnologias de comunicação virtual. Estes estudos sugerem que vários factores individuais e situacionais influenciam a proximidade que sentimos de outra pessoa, independentemente da distância. O efeito de mera exposição referia-se originalmente à tendência de uma pessoa favorecer positivamente aqueles a quem esteve fisicamente exposta com mais frequência. No entanto, estudos recentes alargaram este efeito à comunicação virtual. Este trabalho sugere que quanto mais alguém comunica virtualmente com outra pessoa, mais é capaz de imaginar a aparência e o espaço de trabalho dessa pessoa, promovendo assim um sentimento de ligação pessoal. Também se verificou que o aumento da comunicação promove uma base comum, ou o sentimento de identificação com outra pessoa, o que leva a atribuições positivas sobre essa pessoa. Alguns estudos sublinham a importância da partilha de um território físico para alcançar um terreno comum, enquanto outros consideram que esse terreno comum pode ser alcançado virtualmente, através da comunicação frequente.

Muitas pesquisas nos campos da comunicação, psicologia e sociologia, especialmente na categoria de comportamento organizacional, mostraram que a proximidade física aumenta a capacidade das pessoas de trabalharem juntas. A interação cara a cara é frequentemente utilizada como uma ferramenta para manter a cultura, a autoridade e as normas de uma organização ou local de trabalho. Foi já escrito um vasto conjunto de estudos sobre a forma como a proximidade é afetada pela utilização das novas tecnologias de comunicação. A importância da proximidade física entre colegas de trabalho é frequentemente realçada.

Publicidade

Parte dos lucros do Facebook provém da publicidade no sítio. Durante estes anos, o Facebook ofereceu às empresas a possibilidade de publicarem e apresentarem conteúdos num formato de linha cronológica na sua página gratuita de marca ou de empresa. Ao fazê-lo, as empresas podem transmitir uma mensagem promocional mais abrangente e aumentar o envolvimento do público. Se um utilizador "gostar" da página de uma marca, o conteúdo empresarial publicado na página da marca aparecerá no feed de notícias do utilizador. Muitos utilizadores ficaram irritados com os anúncios excessivamente implantados que apareciam na sua linha de tempo do Facebook.

Os utilizadores que consideram a publicidade no Facebook "irritante" e "intrusiva" podem estar a fazê-lo porque as empresas estão a invadir o seu domínio social (**território**) com comunicações corporativas direcionadas e pagas. Aqueles que "odeiam" receber mensagens direcionadas nos seus perfis de redes sociais podem estar a sentir frustração. É provável que estes utilizadores estejam a dedicar esforços à criação e manutenção de fronteiras em torno do seu papel social, apenas para que os anunciantes **as** ultrapassem com conteúdos promocionais.

Cinema

A proxémica é uma componente essencial da mise-en-scène cinematográfica, a colocação de personagens, adereços e cenários dentro de um quadro, criando peso visual e movimento. A consideração da proxémica neste contexto tem dois aspectos: o primeiro é a **proxémica das personagens**, que aborda questões como: Quanto espaço existe entre as personagens? O que é que sugerem as personagens que estão próximas (ou, pelo contrário, afastadas) umas das outras? As distâncias alteram-se à medida que o filme avança? e, As distâncias dependem de outros conteúdos do filme? A outra consideração é a **proxémica da câmara**, que responde a uma única pergunta: A que distância está a câmara das personagens/ação? A análise da proxémica da câmara relaciona normalmente o sistema de padrões proxémicos de Hall com o ângulo da câmara utilizado para criar um plano específico, com o plano longo ou extremo longo a tornar-se a *proxémica pública*, um plano completo (por vezes chamado plano de figura, vista completa ou plano médio longo) a tornar-se a *proxémica social*, o plano médio a tornar-se a proxémica *pessoal* e o plano próximo ou extremo próximo a tornar-se a *proxémica íntima*.

Um tiro no escuro - a proxémica pública

Um tiro certeiro - a proxémica social

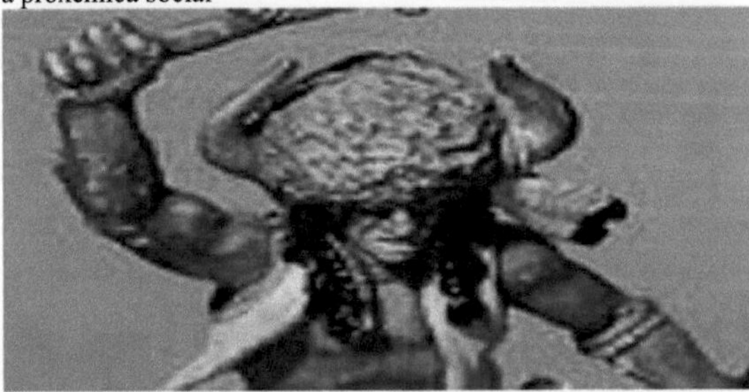

Um tiro médio - a proxémica pessoal

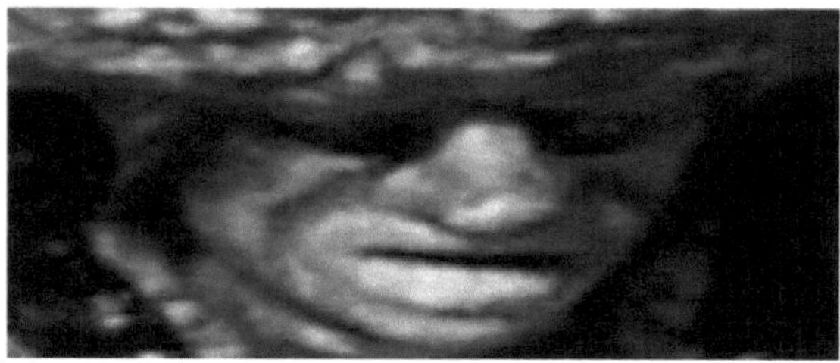

Um close-up - o íntimo proxémico

O analista de cinema Louis Giannetti defende que, em geral, quanto maior for a distância entre a câmara e o sujeito (por outras palavras, a proxémica do público), mais neutro emocionalmente o público permanece, ao passo que quanto mais próxima a câmara estiver de uma personagem, maior será a ligação emocional do público a essa personagem. Ou, como disse o ator e realizador Charlie Chaplin: "A vida é uma tragédia quando vista em grande plano, mas uma comédia em grande plano."

Cyberbullying

Cyberbullying

O cyberbullying é um fenómeno de comunicação em que o agressor utiliza os meios electrónicos para assediar os seus pares. Os adolescentes preferem as formas de intimidação através da CMC às interações diretas face a face, porque tiram partido das normas sociais para mostrar a agressividade feminina. O bullying em linha tem muito em comum com o bullying na escola: Ambos os comportamentos incluem o assédio, a humilhação, a provocação e a agressão. O ciberbullying apresenta desafios únicos, na medida em que o agressor pode tentar manter o anonimato e os ataques podem ocorrer a qualquer hora do dia ou da noite.

O principal fator que incentiva a ciberperseguição é o facto de um ciberperseguidor se poder esconder atrás do escudo do anonimato em linha. Por outras palavras, as redes sociais transformam **o espaço social** presencial num **espaço virtual** onde o agressor pode dizer o que quiser sobre as vítimas sem a pressão de as enfrentar.

Ambientes virtuais

Ambiente virtual

Bailenson, Blascovich, Beall e Loomis realizaram uma experiência em 2001, testando a especulação da teoria do equilíbrio de Argyle e Dean (1965) sobre uma relação inversa entre o olhar mútuo, um sinal não-verbal que assinala intimidade, e a distância interpessoal. Os participantes foram imersos numa sala virtual 3D na qual se encontrava uma representação humana virtual (ou seja, um agente incorporado). O foco deste estudo está nas trocas não-verbais subtis que ocorrem entre uma pessoa e um agente incorporado. Os participantes no estudo não trataram claramente o agente como uma mera animação. Pelo contrário, os resultados sugerem que, em ambientes virtuais, as pessoas foram influenciadas pelo modelo 3D e respeitaram o espaço pessoal da representação humanoide. O resultado da experiência também indicou que as mulheres são mais afectadas pelos comportamentos de olhar do agente e ajustam o seu espaço pessoal mais em conformidade do que os homens. No entanto, os homens atribuem subjetivamente o comportamento do olhar ao agente e o seu comportamento proxémico reflecte essa perceção. Além disso, tanto os homens como as mulheres demonstram menos variação no seu comportamento proxémico quando o agente apresenta um comportamento de olhar mútuo do que quando o agente não o faz.

Outros investigadores estabeleceram que a proxémica pode ser uma ferramenta valiosa para medir o realismo comportamental de um agente ou avatar. As pessoas tendem a percecionar os gestos não-verbais a um nível implícito, e o grau de espaço pessoal parece ser uma forma precisa de medir a perceção que as pessoas têm da presença social e do realismo em ambientes virtuais. Nick Yee, na sua tese de doutoramento em Stanford, descobriu que as distâncias proxémicas do mundo real também se aplicavam ao mundo virtual do Second Life. Outros estudos demonstram que as medidas comportamentais implícitas, como a postura corporal, podem ser uma medida fiável do sentimento de presença do utilizador em ambientes virtuais. Do mesmo modo, o espaço pessoal pode ser uma medida mais fiável da presença social do que um inquérito de classificação típico em ambientes virtuais imersivos...

A linguagem corporal da proxémica

Uma área fascinante no mundo não-verbal da linguagem corporal é a das relações espaciais, ou proxémica, o estudo da apreciação e utilização do espaço pelo homem. Enquanto espécie, o homem é altamente territorial, mas raramente nos apercebemos disso, a não ser que o nosso espaço seja de alguma forma violado. As relações espaciais e os limites territoriais influenciam diretamente os nossos encontros diários. Manter o controlo sobre esse espaço é um fator-chave para a satisfação pessoal; observar as interações espaciais na vida quotidiana é uma chave para a consciência pessoal. ***Contexto***

O termo "proxémica" foi cunhado pelo investigador E.T. Hall em 1963, quando investigou a utilização do espaço pessoal pelo homem em contraste com o espaço "fixo" e "semi-fixo". O espaço fixo é caracterizado por fronteiras inamovíveis (divisões num edifício de escritórios), enquanto o espaço semi-fixo é definido por fronteiras fixas, como o mobiliário. O espaço informal é caracterizado por uma zona pessoal ou "bolha" que varia consoante os indivíduos e as circunstâncias. Embora a utilização de cada uma destas relações espaciais possa impedir ou promover o ato de comunicação, a área que os seres humanos controlam e utilizam mais frequentemente é o seu espaço informal. Esta zona constitui uma área que os humanos protegem da intrusão de estranhos. O estudo do território espacial para efeitos de comunicação utiliza quatro categorias para o espaço informal: a distância íntima para abraçar ou sussurrar (6-18 polegadas), a distância pessoal para conversas entre bons amigos (1,5-4 pés), a distância social para conversas entre conhecidos (4-12 pés) e a distância pública utilizada para falar em público (12 pés ou mais). O estudo comportamental indica que os indivíduos percepcionam uma distância que é apropriada para diferentes tipos de mensagens; também estabelecem uma distância confortável para a interação pessoal e definem-na não verbalmente como o seu espaço pessoal. A investigação apoia a hipótese de que a violação deste espaço pessoal pode ter efeitos adversos graves na comunicação. Assim, para que um indivíduo fique mutuamente satisfeito

Num encontro de comunicação, o seu espaço pessoal deve ser respeitado. Se um intruso invadir este espaço pessoal e, ao mesmo tempo, transgredir os limites territoriais, coloca-se numa situação de duplo risco e deve compensar o aumento da ansiedade do outro?

Território no escritório

As reivindicações territoriais diferem do espaço pessoal na medida em que a zona pessoal acompanha o indivíduo, enquanto a territorialidade é relativamente estacionária. O espaço semi-fixo é frequentemente o critério utilizado para estabelecer um território em qualquer ambiente; torna-se a zona de segurança do homem, onde este descansa dos rigores da defesa do espaço pessoal contra a invasão, a entrada dramática ou súbita na zona pessoal de outro. O ser humano, tal como os animais, indica a sua propriedade sobre este território estabelecido e, consequentemente, defende-o contra todas as invasões. A territorialidade estabelece-se tão rapidamente que até a segunda sessão de uma série de conferências é suficiente para que a maior parte do público regresse aos seus lugares. E se alguém estiver sentado num determinado lugar e outro o ocupar, pode notar uma irritação passageira. A longo prazo, o território assume o controlo do seu ocupante. Esta zona pessoal pública, como um escritório no trabalho, torna-se um território defendido, por mais subtil que seja a defesa. Qual é a reação instantânea e involuntária se chegarmos ao escritório e encontrarmos outra pessoa sentada na nossa secretária? Outro exemplo interessante destes conceitos proxémicos é o de passar por detrás da secretária de um colega de trabalho e invadir a zona pessoal. Se for o patrão, será que tem mesmo essa margem de manobra? Se for o seu bom amigo - provavelmente sim. Uma secretária de escritório é um instrumento fundamental para estabelecer comunicações espaciais e a liberdade do nativo para colocar essa secretária onde e como quiser é um elemento-chave nas considerações pessoais. Os cubículos de escritório tão frequentemente encontrados nas grandes empresas não se prestam a permitir que o ocupante reorganize o mobiliário de modo a satisfazer as suas preferências pessoais. Além disso, nem sempre são suficientemente grandes para permitir a colocação de uma cadeira de visitante - outro elemento-chave proxémico. Uma cadeira extra para um empregado da piscina pode facilmente tornar-se um símbolo de estatuto - razão profissional para receber visitas. Existem várias disposições básicas para a secretária: o ocupante está entronizado e protegido de intrusões em três lados (canto) as costas do ocupante estão viradas para a entrada (para olhar pela janela?) o ocupante permite a entrada e o espaço na frente e num dos lados da secretária.

A partir destas bases, o leitor pode interpretar a maioria dos arranjos derivados.

A consideração apenas desta proxémica comunica uma atitude do ocupante. Uma reforça a sensação de controlo, ou de proteção da retaguarda e/ou do flanco; a seguinte é a mais vulnerável das disposições, dado que tudo o que acontece no interior é exposto a quem se aproxima antes de o ocupante se aperceber da aproximação; a última tende a ser a mais confortável tanto para o hóspede como para o ocupante - o ocupante pode manter o controlo sobre o território, mas partilhar o máximo de zona social. Também se deve ter em conta qual o lado (se apenas um) da secretária que fica aberto ao público. Será o lado direito, reflectindo uma aceitação consciente, ou o lado esquerdo, indicando uma abertura ou vulnerabilidade subconsciente? Se houver duas cadeiras num escritório aberto, a cadeira mais próxima da do ocupante é o próximo ponto de controlo proxémico. Se alguém quiser ter o controlo de uma reunião, deve fazê-lo em casa, com um design proxémico que pré-estabeleça o fluxo de comunicação da sala.

As barreiras físicas como secretárias, cadeiras e divisórias nem sempre são necessárias para transmitir a proteção do espaço pessoal; parece que estamos sempre conscientes da nossa zona íntima e das suas violações. Exemplos: o mordomo que não ouve as conversas dos convidados, o peão que evita olhar para um casal que se abraça ou a pessoa que se preocupa com uma revista durante a conversa telefónica de outra pessoa. Todos eles demonstram alguma consciência dos direitos de propriedade da comunicação e ajustam a sua linguagem corporal e proxémica para transmitir essa mensagem.

Manter a distância

Os americanos têm um padrão que desencoraja o contacto físico, exceto em momentos de intimidade. Quando andamos de metro ou num elevador cheio de gente, "retemo-nos", tendo sido ensinados desde a infância a evitar o contacto corporal com estranhos. Estudos indicam que os americanos são especialmente conscientes do seu espaço pessoal e permitem muito menos intrusões do que outras nacionalidades, mesmo com pessoas consideradas amigas. No entanto, há alturas em que não só procuramos como gostamos de desfrutar da energia de grupo das grandes multidões. A energia de grupo de uma multidão num evento desportivo, musical ou celestial pode continuar a influenciar o sentido de espaço pessoal do nativo muito depois de o evento ter terminado. Por vezes, damos por nós a tolerar a invasão do espaço pessoal em nome do evento ou da tarefa em curso. Da próxima vez que se encontrar à espera numa caixa ou numa fila para comprar bilhetes, observe as interações das zonas íntimas e pessoais.

Alterar a distância entre duas pessoas pode transmitir um desejo de intimidade, declarar uma falta de interesse, ou aumentar/diminuir o domínio. Os interrogadores da polícia foram ensinados que esta violação do espaço pessoal pode transmitir uma mensagem de forma não verbal; utilizam frequentemente a estratégia de se sentarem perto do suspeito e de o amontoarem. Esta teoria do interrogatório parte do princípio de que a invasão do espaço pessoal do suspeito (sem hipótese de defesa) dará ao agente uma vantagem psicológica.

Não só uma mensagem vocal é qualificada e condicionada pelo manuseamento da distância, como a substância de uma conversa pode muitas vezes exigir um manuseamento especial do espaço. As mudanças espaciais dão um tom a uma comunicação, acentuam-na e, por vezes, até contrariam a palavra falada. Há certos pensamentos que são difíceis de partilhar, a menos que se esteja dentro da zona de conversação adequada.

Contar um segredo a uma distância de 6 metros, por exemplo, não só é difícil como anula a confidencialidade da própria mensagem. Outro exemplo pode ser o de alguém que entra num escritório e fica de pé, em oposição ao ocupante sentado. Mesmo sem a manipulação da invasão do espaço pessoal, essa linguagem corporal dominante influencia uma potencial conversa a um nível subconsciente. Quanto mais distante for a postura, menos dominante será.

A proxémica do lar é um estudo interessante. Em primeiro lugar, há a consideração das zonas sociais dentro de um ambiente pessoal. Algumas divisões são aceitáveis para reuniões públicas, outras para amigos e familiares próximos, algumas são mesmo consideradas interditas a certos membros da família, outras são deixadas intocadas, preservadas e prontas apenas para uma ocupação ocasional. Centrando-nos na sala social, a disposição dos lugares numa sala de estar apresenta uma proxémica mais difícil quando gira em torno de um televisor. As salas com um alinhamento de assentos linear ou curvo não são propícias a pequenas reuniões íntimas. Quando falamos, gostamos de estar de frente uns para os outros. Se formos obrigados a sentar-nos lado a lado, a nossa linguagem corporal tentará compensar a falta de contacto visual inclinando-nos ombro a ombro. O espaço mais comum para este contacto direto é normalmente a mesa da cozinha ou da sala de jantar. A proxémica do próprio mobiliário e a forma como este define a nossa utilização da distância estabelece um fator-chave naquilo que consideramos ser um ambiente acolhedor, confortável e familiar.

Existem centenas de correlações entre a proxémica e o processo de comunicação pretendido. As formas mais simples de atividade social são os procedimentos e os rituais. O homem processa constantemente os dados de entrada com base no ambiente atual e na sua relação com o nativo e o evento, de modo a poder determinar a resposta correta ao procedimento ou ritual. O local onde se coloca e a forma como estabelece o seu espaço de caraterísticas podem influenciar e influenciam essa resposta.

Referências

1. "Proxémica". Dicionário.com. Recuperado em 14 de novembro de 2015.
2. Moore, Nina (2010). Nonverbal CommumcatiomStudies and Applications. Nova Iorque: Oxford University Press.
3. Hall, Edward T. (1966). The Hidden Dimension. Anchor Books. ISBN 0-385-08476-5.
4. Hall, Edward T. (outubro de 1963). "Um sistema para a notação do comportamento proxémico".

Antropólogo americano. **65** (5): 1003-1026. doi:10.1525/aa.1963.65.5.02a00020.

5. Hall, Edward T. (1966). The Hidden Dimension. Anchor Books. ISBN 0-385-08476-5.

6. Engleberg, Isa N. (2006). Trabalhar em grupo: Communication Principles and Strategies. Série O Meu Kit de Comunicação. pp. 140-141.

7. Kennedy DP, Glascher J, Tyszka JM, Adolphs R (2009). "Regulação do espaço pessoal pela amígdala humana". Nat Neurosci. **12**: 1226-1227. PMC 2753689 S . PMID 19718035. doi:10.1038/nn.2381.

8. Richmond, Virgínia (2008). Nonverbal Behavior in Interpersonal Relations (Comportamento não-verbal nas relações interpessoais). Boston: Pearson/A e B. p. 130. ISBN 9780205042302.

9. "Proxémica". www.creducation.org. Recuperado em 2016-03-29.

10. Elias, L.J., M.S., Saucier (2006). Neuropsicologia: Fundamentos clínicos e experimentais. Boston; MA: Pearson Education Inc. ISBN 0-205-34361-9.

11. Previc, F.H. (1998). "A neuropsicologia do espaço 3D". Psychol. Bull. **124** (2): 123- 164. PMID 9747184. doi:10.1037/0033-2909.124.2.123.

12. Lyman, S.M.; Scott, M.B. (1967). "Territorialidade: ANeglected Sociological Dimension". SocialProblems. **15**: 236-249. doi:10.1525/sp.1967.15.2.03a00090.

13. Sommer, Robert (maio de 1967). "Espaço Sociofugal". Jornal Americano de Sociologia. Imprensa da Universidade de Chicago. **27** (6): 654-660.

14. Sorokowska, Agnieszka; Sorokowski, Piotr; Hilpert, Peter (22 de março de 2017). "Distâncias interpessoais preferidas: Uma comparação global". Jornal de Psicologia Intercultural. **48**: 0022022117698039. ISSN 0022-0221. doi:10.1177/0022022117698039.

15. "Edward Hall, o resumo online da dimensão oculta". Recuperado em 2006-12-14.

16. Histoire de la vie privée (2001), editores Philippe Ariès e Georges Duby; le Grand livre du mois. ISBN 978-2020364171. Publicado em inglês como A History of Private Life pela Belknap Press. ISBN 978-0674399747.

17. "O modelo de Lewis explica todas as culturas do mundo". Business Insider. Recuperado em 201603-28.

18. Lewis, Richard. "Cultura cruzada". Recuperado em 27 de março de 2012.

19. Alessandra, Tony (2000-02-01). Charisma: Seven Keys to Developing the Magnetism that Leads to Success (Carisma: Sete Chaves para Desenvolver o Magnetismo que Leva ao Sucesso). Nova Iorque: Business Plus. pp. 165-192. ISBN 9780446675987.

20. Aiello, John R., Aiello, Tyra De Carlo (julho de 1974). "O desenvolvimento do espaço pessoal: Comportamento proxémico de crianças dos 6 aos 16 anos". Ecologia Humana. **2**: 177-189. JSTOR 4602298. doi:10.1007/bf01531420.

21. Kelly, Francis D. (1972). "Significado comunicacional das pistas proxémicas do terapeuta" (PDF). Jornal de Consultoria e Psicologia Clínica. **39.2**: 345. doi:10.1037/h0033423.

22. Ellis, Michael E. "Perceived Proxemic Distance and Instructional Videoconferencing: Impacto no desempenho e na atitude dos alunos".

23. Olsen, Carol J. (1989). Proxemic Behavior of the Nonhandicapped Toward the Visually Impaired (Comportamento proxémico dos não deficientes em relação aos deficientes visuais). Universidade de Nebraska em Omaha: Proquest Dissertations Publishing.

24. O'Leary, Michael Boyer; Wilson, Jeanne M; Metiu, Anca; Jett, Quintus R (2008). "Proximidade percebida no trabalho virtual: Explaining the Paradox of Far-but-Close". Estudos Organizacionais. **29** (7): 979-1002. doi:10.1177/0170840607083105.

25. Monge, Peter R; Kirste, Kenneth K (1980). "Medição da proximidade na organização humana". SocialPsychologyQuarterly. **43** (1): 110-115. doi:10.2307/3033753.

26. Monge, Peter R; Rothman, Lynda White; Eisenberg, Eric M; Miller, Katherine I; Kirste, Kenneth K (1985). "A dinâmica da proximidade organizacional". Management Science. **31** (9): 1129-1141. doi:10.1287/mnsc.31.9.1129.

27. Olson, Gary M; Olson, Judith S (2000). "A distância é importante". Interação Humana com o Computador. **15**: 139-178. doi:10.1207/s15327051hci1523_4.

28. Zajonc, R.B. (1968). "Efeito atitudinal da mera exposição". Jornal de Personalidade e Psicologia Social. **9**: 2-17. doi:10.1037/h0025848.

29. Hinds, Pamela; Kiesler, Sara (2002). Distributed Work. Cambridge, MA: MIT Press.

30. Levitt, B; J.G. March (1988). "Aprendizagem organizacional". Revisão Anual de Sociologia. **14**: 319-340. doi:10.1146/annurev.soc. 14.1.319.

31. Nelson, R. R. (1982). An Evolutionary Theory of Economic Change. Cambridge, MA: Belknap Press.

32. Beauchamp, M. B. (2013). "Não invada meu espaço pessoal: O dilema da publicidade do Facebook". Jornal de pesquisa de negócios aplicada. **29** (1): 91. doi:10.19030/jabr.v29i1.7558.

33. Cohen, D. (23 de fevereiro de 2012). "Marcas, mantenham uma página no Facebook, mas não me incomodem".

34. "Cinematografia - Proxémica". Estudos de Cinema e Media na ESF. Escola da Ilha do Sul. Recuperado em 28 de outubro de 2012.

35. "Mise en scene" (PDF). Estudos cinematográficos. Universidade da Carolina do Norte em Charlotte. Recuperado em 28 de outubro de 2012.

36. "Proxémica do plano e da câmara". Os Quinze Pontos da Mise-en-scene. Colégio de DuPage. Recuperado em 28 de outubro de 2012.

37. "Cinematografia Parte II: MISE-EN-SCENE: Orquestrando o Quadro". Universidade Estadual da Califórnia em San Marcos. Recuperado em 28 de outubro de 2012.

38. Giannetti, Louis (1990). Understanding Movies, 5ª edição. Englewood Cliffs, N.J.: Prentice Hall. p. 64. ISBN 0-13-945585-X.

39. Roud, Richard (28 de dezembro de 1977). "O filantropo de calças largas". The Guardian: 3.

40. "O Futuro do Cyber-Bullying Feminino na Adolescência: O Efeito dos Meios Electrónicos na Comunicação Feminina Agressiva". Jena Ponsford. Universidade Estadual do Texas. Recuperado em 27 de março de 2016.

41. Landau, Elizabeth (27 de fevereiro de 2013). "Quando o bullying se torna high-tech". CNN. Recuperado em 28 de março de 2016.

42. Bailenson, J. N., Blascovich, J., Beall, A. C., & Loomis, J. M. (2001). "Teoria do equilíbrio revisitada: Olhar mútuo e espaço pessoal em ambientes virtuais" (PDF). Presença: Teleoperadores e ambientes virtuais. **10** (6): 583-598. doi:10.1162/105474601753272844.

43. Yee, Nick; et al. (2007). "A insuportável semelhança de ser digital: The Persistence of Nonverbal Social Norms in Online Virtual Environments". CyberPsychology & Behavior.

CAPÍTULO- 6

Petróglifo

Os petróglifos são imagens criadas através da remoção de parte de uma superfície rochosa por incisão, picotagem, escultura ou abrasão, como uma forma de arte rupestre. Fora da América do Norte, os académicos utilizam frequentemente termos como "escultura", "gravura" ou outras descrições da técnica para se referirem a essas imagens. Os petróglifos são encontrados em todo o mundo e são frequentemente associados a povos pré-históricos. A palavra vem da palavra grega petro-, tema da palavra "petra" que significa "pedra", e glyphein que significa "esculpir", e foi originalmente cunhada em francês como pétroglyphe.

O termo petróglifo não deve ser confundido com petrógrafo, que é uma imagem desenhada ou pintada numa rocha. Ambos os tipos de imagens pertencem à categoria mais alargada e mais geral de arte rupestre ou arte parietal. As petroformas, ou padrões e formas feitos por muitas rochas e pedregulhos grandes sobre o solo, também são bastante diferentes. Os inukshuks também são únicos e só se encontram no Ártico (exceto as reproduções e imitações construídas em latitudes mais a sul).

Uma forma mais desenvolvida de petróglifo, normalmente encontrada em culturas letradas, um relevo rupestre ou relevo cortado na rocha é uma escultura em relevo esculpida numa rocha sólida ou "viva", como um penhasco, em vez de um pedaço de pedra isolado. São uma categoria de arte rupestre e encontram-se por vezes em conjunto com a arquitetura rupestre. No entanto, tendem a ser omitidas na maioria das obras sobre arte rupestre, que se concentram em gravuras e pinturas de povos pré-históricos. Algumas dessas obras exploram os contornos naturais da rocha e utilizam-nos para definir uma imagem, mas não constituem relevos feitos pelo homem. Os relevos rochosos foram realizados em muitas culturas, tendo sido especialmente importantes na arte do antigo Próximo Oriente. Os relevos rochosos são geralmente bastante grandes, pois precisam de o ser para causar impacto ao ar livre. A maioria tem figuras que ultrapassam o tamanho natural e, em muitos casos, as figuras são múltiplos do tamanho natural.

Em termos estilísticos, estão normalmente relacionados com outros tipos de escultura da cultura e do período em causa e, à exceção dos exemplos hititas e persas, são geralmente discutidos como parte desse tema mais vasto. O relevo vertical é o mais comum, mas também se encontram relevos em superfícies essencialmente horizontais. O termo exclui normalmente as esculturas em relevo no interior de grutas, naturais ou artificiais, que se encontram sobretudo na Índia. As formações rochosas naturais transformadas em estátuas ou outras esculturas redondas, como é o caso da Grande Esfinge de Gizé, também são normalmente excluídas. Os relevos em grandes rochedos deixados no seu local natural, como os hititas

O relevo Imamkullu é suscetível de ser incluído, mas as pedras mais pequenas podem ser chamadas estelas ou ortostatos esculpidos.

História

Imagem composta de petróglifos da Escandinávia (Haljesta, Vastmanland na Suécia). Idade do Bronze nórdica. Os glifos foram pintados para os tornar mais visíveis.

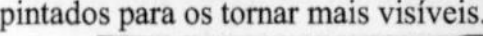

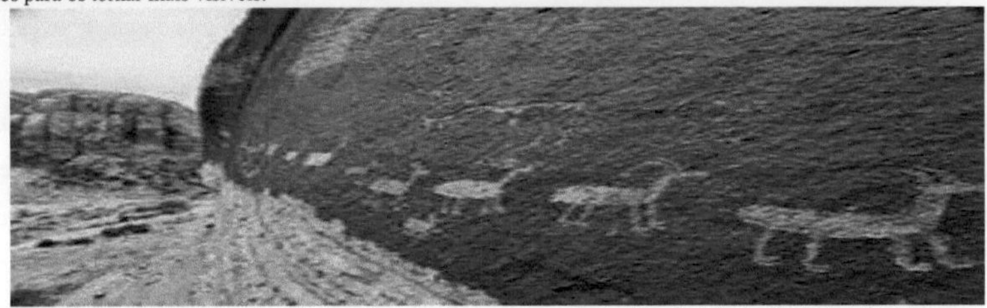

Um petróglifo de uma caravana de ovelhas selvagens perto de Moab, Utah, Estados Unidos; um tema comum nos glifos do sudoeste desértico

Alguns petróglifos são datados aproximadamente da fronteira entre o Neolítico e o Paleolítico Superior tardio, cerca de 10 000 a 12 000 anos atrás, se não antes (Kamyana Mohyla). Sítios na Austrália têm petróglifos que se calcula terem até 27.000 anos e, noutros locais, podem ter até 40.000 anos. Há cerca de 7.000 a 9.000 anos, começaram a aparecer outros precursores dos sistemas de escrita, como os pictogramas e os ideogramas. No entanto, os petróglifos ainda eram comuns e algumas culturas continuaram a utilizá-los durante muito mais tempo, mesmo até ao contacto com a cultura ocidental no século XX. Os petróglifos foram encontrados em todas as partes do globo, exceto na Antárctida, com concentrações mais elevadas em partes de África, Escandinávia, Sibéria, sudoeste da América do Norte e Austrália.

Interpretação

Existem muitas teorias para explicar o seu objetivo, dependendo da sua localização, idade e tipo de imagem. Pensa-se que alguns petróglifos são marcadores astronómicos, mapas e outras formas de comunicação simbólica, incluindo uma forma de "proto-escrita". Os mapas de petróglifos podem mostrar trilhos, símbolos que comunicam o tempo e as distâncias percorridas, bem como o terreno local sob a forma de rios, formas de relevo e outras caraterísticas geográficas. Um petróglifo que representa uma forma de relevo ou o terreno circundante é conhecido como geocontourglyph. Podem também ter sido um subproduto de outros rituais: sítios na Índia, por exemplo, foram identificados como instrumentos musicais ou "gongos de pedra".

Algumas imagens de petróglifos têm provavelmente um profundo significado cultural e religioso para as sociedades que as criaram; em muitos casos, este significado mantém-se para os seus descendentes. Pensa-se que muitos petróglifos representam uma espécie de linguagem simbólica ou ritual ainda não totalmente compreendida. Os glifos posteriores da Idade do Bronze nórdica, na Escandinávia, parecem referir-se a alguma forma de fronteira territorial entre tribos, para além de possíveis significados religiosos. Parece também que existem dialectos locais ou regionais de povos semelhantes ou vizinhos.

As inscrições siberianas assemelham-se a uma forma primitiva de runas, embora não se pense que haja qualquer relação entre elas. Ainda não são bem compreendidas.

Alguns investigadores notaram a semelhança de diferentes estilos de petróglifos em diferentes continentes; embora seja de esperar que todos os povos se inspirem no que os rodeia, é mais difícil explicar os estilos comuns. Pode tratar-se de uma mera coincidência, de uma indicação de que certos grupos de pessoas migraram para longe de uma área inicial comum ou de uma indicação de uma origem comum. Em 1853, George Tate leu um artigo no Berwick Naturalists' Club, no qual John Collingwood Bruce concordou que as gravuras tinham "... uma origem comum e indicam um significado simbólico, representando algum pensamento popular". Na sua catalogação da arte rupestre escocesa, Ronald Morris resumiu 104 teorias diferentes sobre a sua interpretação.

Outras explicações, mais controversas, baseiam-se na psicologia junguiana e nos pontos de vista de Mircea Eliade. De acordo com estas teorias, é possível que a semelhança entre os petróglifos (e outros símbolos atávicos ou arquetípicos) de diferentes culturas e continentes seja o resultado da estrutura geneticamente herdada do cérebro humano.

Outras teorias sugerem que os petróglifos foram feitos por xamãs num estado alterado de consciência, talvez induzido pelo uso de alucinogénios naturais. Muitos dos padrões geométricos (conhecidos como constantes de forma) que se repetem nos petróglifos e nas pinturas rupestres foram demonstrados por David Lewis-Williams como estando "ligados" ao cérebro humano; ocorrem frequentemente em perturbações visuais e alucinações provocadas por drogas, enxaquecas e outros estímulos.

Uma análise recente de petróglifos pesquisados e registados por GPS em todo o mundo identificou pontos comuns que indicam auroras intensas pré-históricas (7.000-3.000 a.C.) observáveis em todos os continentes. Os arquétipos específicos comuns associados incluem: homem agachado, lagartas, escadas, máscara ocular, kokopelli, rodas com raios, entre outros.

As ligações actuais entre o xamanismo e a arte rupestre entre o povo San do deserto do Kalahari foram estudadas pelo Rock Art Research Institute (RARI) da Universidade de Witwatersrand. Embora as obras de arte do povo San sejam predominantemente pinturas, as crenças que lhes estão subjacentes podem talvez ser utilizadas como base para a compreensão de outros tipos de arte rupestre, incluindo os petróglifos. Para citar o sítio Web do RARI:

Utilizando conhecimentos sobre as crenças dos San, os investigadores demonstraram que a arte desempenhava um papel fundamental na vida religiosa dos seus pintores San. A arte captava coisas do mundo dos San por detrás da face da rocha: o outro mundo habitado por criaturas espirituais, para o qual os dançarinos podiam viajar sob a forma de animais e onde as pessoas em êxtase podiam extrair poder e trazê-lo de volta para curar, fazer chover e capturar o jogo.

Índia

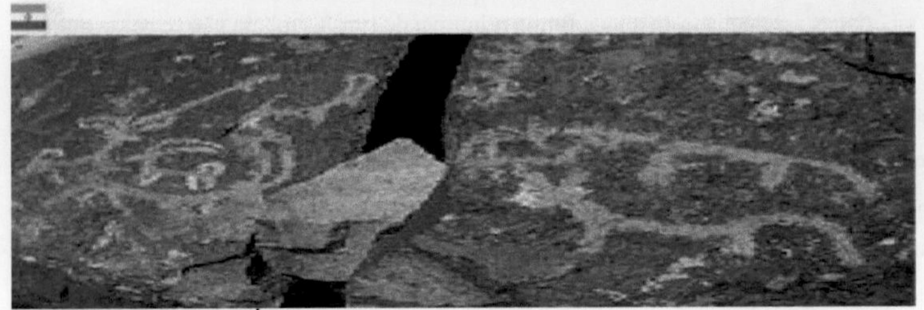

Petróglifos em Ladakh, Índia

1. Abrigos rochosos de Bhimbetka, distrito de Raisen, Madhya Pradesh, Índia.
2. Petróglifos de Kupgal em Dolerite Dyke, perto de Bellary, Karnataka, Índia.
3. Kudopi, distrito de Sindhudurg, Maharashtra, Índia.
4. Hiwale, distrito de Sindhudurg, Maharashtra, Índia.
5. Barsu, distrito de Ratnagiri, Maharashtra, Índia.
6. Devihasol, distrito de Ratnagiri, Maharashtra, Índia
7. Grutas de Edakkal, distrito de Wayanad, Kerala, Índia.
8. Perumukkal, distrito de Tindivanam, Tamil Nadu, Índia.
9. Kollur, Villupuram, Tamil Nadu.
10. Unakoti perto de Kailashahar no distrito de Tripura do Norte, Tripura, Índia.
11. Gravuras rupestres de Usgalimal, margens do rio Kushavati, em Goa
12. Ladakh, no noroeste dos Himalaias indianos.

Recentemente, foram encontrados petróglifos na aldeia de Kollur, em Tamil Nadu. Um grande dólmen com quatro petróglifos que retratam homens com tridentes e uma roda com raios foi encontrado em Kollur, perto de Triukoilur, a 35 quilómetros de Villupuram. A descoberta foi efectuada por K.T. Gandhirajan. Este é o segundo caso em que um dólmen com petrografias foi encontrado em Tamil Nadu, na Índia.

Os petróglifos são as obras de arte mais antigas deixadas pela humanidade, que abrem secretamente uma porta para as épocas passadas da vida e nos ajudam a descobrir diferentes aspectos da vida pré-histórica. As ferramentas para criar petróglifos podem ser classificadas de acordo com a idade e a época histórica; podem ser de sílex, ossos de coxa de pedreiras de caça ou ferramentas metálicas. Os pictogramas mais antigos do Irão podem ser vistos na gruta de Yafteh, em Lorestan, que data de há 40000 anos, e o petróglifo mais antigo descoberto pertence a Timareh, que data de há 40800 anos.

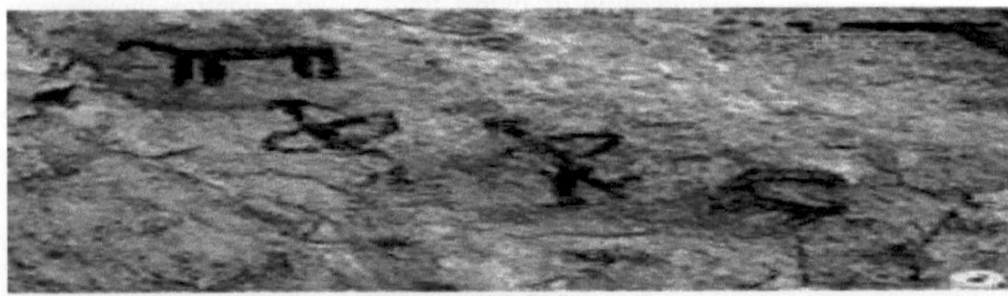

pictograma de lorestan (koohdasht) 10000.B.C

O Irão oferece demonstrações exclusivas da formação de escrita, desde o pictograma, ideograma, linear (2300 a.C.) ou proto-elamita, a antiga escrita geométrica elamita, a escrita Pahlevi, a escrita árabe (906 anos atrás), a escrita Kufi e a escrita Farsi, pelo menos até há 250 anos. Foram descobertos mais de 50000 petróglifos, espalhados por todos os Estados do Irão.

um rapaz curioso que se senta perto de um dos petróglifos

Os petróglifos no Irão seguem a mesma classificação geral:

Pictografias que contêm imagens desenhadas por pigmentos como fuligem, sangue cristalizado, ocre, que foram empregues por aglutinantes como gorduras animais, sangue, óleo de sementes e compostos orgânicos ou uma mistura de todos os materiais acima mencionados. Lorestan possui os pictogramas mais antigos e mais numerosos do Irão. A gruta de Yafteh, em Lorestan, tem pictogramas que datam de há 40000 anos. Em comparação com os petróglifos, os pictogramas no Irão são escassos e raros: Estado de Lorestan: grutas como Hamianl e Hamian2, Mir Molas à volta de Kuhdasht, Dousheh, e Kalmakareh. b. Estado de Hormozgan : Caverna de Ahu em Bastak c. Estado de Kerman: Lashkour Gouyeh em Meymand d. Norte de Khorasan: caverna de Nargeslou à volta de Bojnord 1. O petróglifo inclui a maior parte dos objectos descobertos no Irão, alargado aos seguintes estados Azerbaijão Oriental: Arasbaran. Oeste Azerbaijão: Khoreh Hanjeran em redor de Mahabad. Isfahan: em redor de cidades como Golpayegan, Poshtkouh Khowansar, Teeran, Najaf Abad, Damab, Barzak perto de Kashan, aldeia de Nashlaj, Baghbaderan e Meimeh. Ardebil: sítios em torno de Shahriry, Sheikh Mady e o castelo de Ghah Ghahe em Meshkin Shahr. Tehram: aldeia de Dowlat Abad perto de Sharyar, montanha Kaftar lou. Sul do KhorasamLakh Mazar de Birjand, Tengel Ostad, Bijaem e Nahbandan. Norte do Khorasan: Nargeslou e Jorbat em redor de Bojnord, e Bam Safi Abad perto de Esferayen. Khouzestan: A caverna de Lam Gerdou, perto de Shushtar. ZanjamEjdeha caverna perto da aldeia de Veer, em torno de

Abhar Systan e Baluchestan: [grutas em redor de] Saravan, Khash, Nikshahr, Nazil, Ghasre Ghand e Bazman. Semnan: Chehel Dohktaran E Rashm Mountain, perto de Damghan.

I. Kermam-Meymand, Shah Firouz perto de Sirjan, Farash perto de Jiroft, Sarcheshmeh e Rafsanjan. m.

Curdistão: Dehgolan, Saral, Kancharmi perto de Bijar, Huraman e gruta de Carafto.

∏. KermanshaNSorkhe Liziha, Cheshmeh Sohrab perto de Meravza, Dinevar, Songhor e Harseen. o. Fars: Abadeh, Gheer perto de Kazeroun. p. GhazvimChalalmbar, Yazli Ghelich Kendi, Yeri Jan YazGholi, AhgaGhoy, e Bayan Lou perto de Boein Zahara. q. LorestamMoi Malas e Hamian perto de Kouhdasht, Khomeh perto de Aligoudarz, Mihad perto de Borojerd, Dareh Yal

perto das grutas de Azna, Yafteh e Dousheh. r.Mazenderan: aldeia de verão de Nava, perto de Bala Larijan, perto de Amol. s. MarkaznEbrahim Abad, perto de Arak, Ahmad Abad, perto de Khondab,

Farsi Jan, Shazand, Susan Abad, perto de Farahan, Poshtgodar, perto de Mahallat, Sarough, Sarband, Ravanj, perto de Delijan, Yasavol, perto de Komijan, e 31 sítios de Timereh, perto de Khomein.

t. HormozgamAhu caverna e Dehtol perto de Bastak u. Hamedan: vale de Alvand Shahrestaneh, Vale de Ganjnameh, Mehrabad Noushijaneh perto de Malayer, Merianj, Nahavand, montanhas de Ordoshahan Yazd: vale de Tabas Nahrin, montanha Ernan, montanha Hikhteh, montanha Sorkh Dodoushan, aldeia de Nasrabad perto de Taft, Showaz, vale de Ganj

A mais recente cronologia de petróglifos no Irão foi feita com o General Accelerator Spectrometer em 2008, que ajudou a recolher dados de amostras aleatórias; no entanto, este é um trabalho exigente que necessita de um esforço sistemático e abrangente apoiado.

O quadro seguinte apresenta a primeira classificação dos petróglifos segundo a redundância e a frequência

O⅛e das caraterísticas dos petróglifos do Irão é a continuidade da existência de marcas pré-históricas

A ocorrência temática de petróglifos por amostragem aleatória (percentagem)

I ----------- percentagem	**Caryings**	número
88	Ibex, simbolicamente representado por um longo corno curvo que se estende até à cauda.	1
3	Figuras humanas como em rituais, laçadas, utilização de arcos no dorso dos cavalos ou a pé, caça vestida ou não e etc...	2
2	Marcas de copos, códigos, guiões, .	3
2	Cavalos selvagens ou domésticos, montados ou não, em diferentes posturas.	4
1	Camelos com uma ou duas corcovas. aves .	5
1	Pictogramas da família dos felinos, como leopardos, tigres de pele escamada, leões machos e fêmeas, da família dos cães, como lobos, cães, raposas. Ratos, porcos,.	6
1	Veados (Maral, Shooka), antílopes, .	7
1	Animais extintos irreconhecíveis.	8
.5	Marcas geométricas.	9
.5	Marcas botânicas.	10

as antigas olarias e esculturas de bronze que revelam a imponência dos petróglifos das fachadas das grutas e rochas reflectidos em antigas obras de arte.

Esta continuidade pode ser traçada desde o oitavo milénio a.C. pelas cerâmicas em Ganj Darreh, perto de Harseen, no estado de Kermanshah, até ao terceiro e primeiro milénio a.C., considerando o período do bronze em Lorestan. Existe uma semelhança única entre as marcas de petróglifos e as cerâmicas pré-históricas, como se toda esta obra tivesse sido realizada por um único artista.

Os Hopi modernos interpretaram os petróglifos do Ponto de Petróglifos do Parque Nacional de Mesa Verde como representações dos clãs Águia, Carneiro da Montanha, Papagaio, Sapo Chifrudo e Leão da Montanha, e dos Puebloans Ancestrais que habitavam a mesa

PETROGLIPS

A arqueologia é o estudo do comportamento humano do passado. Procura identificar padrões na atividade humana e explicar como e porquê mudam. A arqueologia é também descritiva.

A arqueologia permite-nos ter uma ideia de como as pessoas viviam no passado. Utilizando informações recuperadas do solo, os arqueólogos podem reconstruir as histórias de sociedades que não têm registos escritos, bem como de populações minoritárias que não foram suficientemente documentadas devido à sua posição social. Uma forma de os arqueólogos estudarem o passado é examinando os locais (sítios) onde as pessoas viveram, brincaram e trabalharam. Os sítios pré-históricos e históricos são recursos não renováveis. Quando um sítio é destruído, a informação sobre o passado perde-se para sempre. Infelizmente, os sítios são destruídos diariamente devido ao desenvolvimento moderno, à expansão urbana e à pilhagem. Uma vez que os sítios arqueológicos não registados são os mais frequentemente destruídos, devem ser envidados todos os esforços para localizar, avaliar e registar o seu conteúdo para benefício dos futuros habitantes da Pensilvânia, antes de se iniciar um projeto de desenvolvimento.

Petróglifos da Pensilvânia

Os petróglifos são imagens esculpidas pelos povos primitivos nas superfícies rochosas. Estas gravuras podem incluir linhas, pontos, desenhos humanos, animais, sobrenaturais e simbólicos. Na Pensilvânia, a maioria foi feita cinzelando a rocha com pedras mais duras. Em África e na Europa, podem ter dezenas de milhares de anos; no entanto, considera-se que os petróglifos da Pensilvânia foram feitos nos últimos 1.000 anos. Desenhos semelhantes podem também ter sido retratados em madeira, cestos e vestuário, mas estes artefactos raramente sobrevivem na arqueologia da América do Norte Oriental. Portanto, os petróglifos fornecem um raro vislumbre das mentes dos antigos nativos americanos.

Locais de petróglifos

Menos de 40 sítios de petróglifos nativos americanos estão registados nos ficheiros do Pennsylvania Archaeological Site Survey. Embora se encontrem ocasionalmente em terras altas, a maioria encontra-se em locais proeminentes perto de água. Os sítios variam de grupos de alguns desenhos a centenas de imagens. Quase 30 sítios estão registados na bacia hidrográfica do Ohio. Ao longo do rio Allegheny, os sítios de Indian God Rock e Parkers Landing contêm muitos desenhos naturalistas, bem como imagens parte humanas, parte animais. A chamada -Water Panther | | em Parkers Landing é uma representação espetacular de um desenho comum no sistema de crenças algonquiano. A bacia hidrográfica do baixo Susquehanna tem a

A maior concentração de petróglifos no Nordeste dos Estados Unidos, com mais de 1.000 desenhos esculpidos registados em 10 locais. As barragens hidroeléctricas nesta parte do rio Susquehanna submergiram muitos destes petróglifos e muitos foram removidos para serem preservados pelos arqueólogos. Esta bacia hidrográfica contém uma variedade de desenhos que podem ser classificados em três estilos distintos: o grupo Bald Friar, o petróglifo Walnut Island e o grupo Safe Harbor.

O **grupo Bald Friar** *(logo abaixo da fronteira estadual da Pensilvânia, em MD)* consiste em esculturas de círculos concêntricos, raios de sol, figuras de pau semelhantes a árvores e desenhos que podem ser interpretados como peixes estilizados ou máscaras humanas. O **petróglifo de Walnut Island** consiste em desenhos que são distintos de todos os outros na Pensilvânia. Embora não estejam relacionados com os escritos das culturas asiáticas, estes desenhos abstractos são muito semelhantes aos símbolos do Extremo Oriente. No **grupo de Safe Harbor**, os maiores e mais conhecidos sítios são Big Indian Rock e Little Indian Rock. Existem mais de 300 petróglifos em sete ilhas rochosas. As imagens nestes sítios incluem figuras humanas e animais, as suas pegadas e rastos, bem como símbolos como círculos e

pontos.
Apenas um local de petróglifos foi registado no rio Delaware. O petróglifo de Jennings *(N.J.)*, com desenhos semelhantes encontrados no grupo Safe Harbor, é uma grande rocha que contém mais de 30 imagens.

Interpretar o significado dos petróglifos

Os arqueólogos concordam que os petróglifos são uma forma de comunicação simbólica e não apenas um graffiti pré-histórico, como se pensava anteriormente. Devido à quantidade de trabalho envolvido na sua elaboração, presume-se geralmente que foram criados com intenções sérias. Os petróglifos serviram provavelmente para muitas funções, mas os seus significados específicos são desconhecidos. Os locais dos petróglifos podem ter sido lugares especiais, possivelmente sagrados.

A escultura de imagens pode ter formalizado e aumentado o seu significado. Talvez alguns desenhos transmitissem informações que indicassem bons locais de caça ou descrevessem as pessoas que viviam ou tinham passado pela região. Petróglifos proeminentes, como a Pedra do Índio Grande e a Pedra do Deus Índio, podem ter servido como marcadores de fronteiras. Alguns sítios podem ter sido locais onde curandeiros, líderes comunitários ou espirituais se dirigiam para receber orientação para ajudar ou curar o seu povo. Servindo como "rochas de ensino", os jovens podem ter sido levados a estes locais para aprenderem sobre a sua cultura e o mundo que os rodeia. Em Safe Harbor, alguns petróglifos parecem ter um significado astronómico.

Seis símbolos de serpentes indicam as posições do nascer ou do pôr do sol para os equinócios e solstícios anuais. Estes acontecimentos são importantes para determinar o momento da plantação e da colheita e os povos de todo o mundo desenvolveram métodos para determinar estas datas. Não é de estranhar que os grupos nativos americanos também tenham assinalado estes acontecimentos

Ética e visita a sítios de petróglifos

Deve-se ter muito cuidado ao visitar os locais de petróglifos. Muitos nativos americanos consideram estes locais como dádivas sagradas dos seus antepassados, pelo que os visitantes devem tratar estes locais com o mesmo respeito que qualquer outro local de reverência. Os petróglifos podem parecer estar em boas condições, mas mesmo tocando-lhes levemente acaba por causar desgaste. Não devem ser pisados com sapatos, coloridos com tinta, giz, lápis de cera ou qualquer outro meio. A melhor forma de registar as imagens é fotografá-las em boas condições de iluminação de baixo ângulo, normalmente de manhã cedo ou ao fim do dia. Vários museus da Pensilvânia têm peças fundidas ou petróglifos reais em exposição. O Museu Estadual da Pensilvânia exibe petróglifos reais de Walnut Island e Cresswell Rock. Além disso, os sites da Web são uma maneira rápida e fácil de ver os petróglifos.

Referências

1. Harmanşah (2014), 5-6
2. Harmanşah (2014), 5-6; Canepa, 53
3. por exemplo, por Rawson e Sickman & Soper
4. Os antigos índios faziam "música rock". BBC News (2004-03-19). Recuperado em 2013-02-12.
5. J. Collingwood Bruce (1868; citado em Beckensall, S., Northumberland's Prehistoric Rock Carvings: A Mystery Explained. Pendulum Publications, Rothbury, Northumberland. 1983:19)
6. Morris, Ronald (1979) The Prehistoric Rock Art of Galloway and The Isle of Man, Blandford Press, ISBN 978-0-7137-0974-2.
7. [ver Lewis-Williams, D. 2002. A Cosmos in Stone: Interpreting Religion and Society through Rock Art. Altamira Press, Walnut Creek, Califórnia].
8. Peratt, A.L. (2003). "Caraterísticas para a ocorrência de uma aurora de alta corrente e pino Z registada na antiguidade". IEEE Transactions on Plasma Science. **31** (6): 1192. doi:10.1109/TPS.2003.820956.
9. Peratt, Anthony L.; McGovern, John; Qoyawayma, Alfred H.; Van Der Sluijs, Marinus Anthony; Peratt, Mathias G. (2007). "Caraterísticas para a ocorrência de uma Aurora Z-Pinch de alta corrente conforme registada na Antiguidade Parte II: Direccionalidade e Fonte". IEEE Transactions on Plasma Science. **35** (4): 778. doi:10.1109/TPS.2007.902630.
10. Rockart.wits.ac.za Recuperado em 2013-02-12.
11. Parkington, J. Morris, D. & Rusch, N. 2008. Gravuras rupestres do Karoo. Clanwilliam: Krakadouw Trust; Morris, D. & Beaumont, P. 2004. Archaeology in the Northern Cape: some key sites. Kimberley: McGregor Museum.
12. Khechoyan, Anna. "A arte rupestre do sistema do Monte Aragats | Anna Khechoyan". Academia.edu. Recuperado em 2013-08-18.
13. Kamat, Nandkumar. "Petroglifos nas margens do Kushvati". Xamanismo goês pré-histórico. os tempos de Navhind. Recuperado em 30 de março de 2011.
14. Petroglifos de Ladakh: The Withering Monuments. tibetheritagefund.org
15. Dólmenes com petróglifos encontrados perto de Villupuram. Beta.thehindu.com (2009-09-19). Recuperado em 2013-02-12.
16. "Petróglifos do Irão Petróglifos do Irão". iranrockart.com.
17. Fundação, Bradshaw. "Arquivo de Arte Rupestre do Médio Oriente - Galeria de Arte Rupestre do Irão", bradshawfoundation. com.
18. "Arqueólogo descobre 'os desenhos mais antigos do mundo'". independent.co.uk. 12 de dezembro de 2016.
19. Petróglifos do Irão, língua comum universal (livro); PETRÓGLIFOS DO IRÃO, SÍMBOLOS IDEOGRAMÁTICOS (livro); Museus da rocha Artes rupestres (Petróglifos do Irão) http://www.independent.co.uk/news/world/middle-east/world-oldest-rock-drawings-archaeologist-iran-khomeyn-mohammed-naserifard-a7470321.html

;
http://www.hurriyetdailynews.com/deciphering-irans-ancient-rock-art-.aspx?pageID=238&nID=107184&NewsCatID=375 ; http://theiranproject.com/blog/tag/dr-mohammed-naserifard/

20. Nobuhiro, Yoshida (1994) The Handbook For Petrograph Fieldwork, Chou Art Publishing, ISBN 4-88639-699-2, p. 57

21. Nobuhiro, Yoshida (1994) The Handbook For Petrograph Fieldwork, Chou Art Publishing, ISBN 4-88639-699-2, p. 54

22. Complexos Petroglíficos do Altai da Mongólia - Centro do Património Mundial da UNESCO. Whc.unesco.org (2011-06-28). Recuperado em 2013-02-12.

23. Fitzhugh, William W. e Kortum, Richard (2012) Rock Art and Archaeology: Investigando a paisagem ritual no Altai da Mongólia. Relatório de campo 2011. Centro de Estudos do Ártico, Museu Nacional de História Natural, Instituto Smithsonian, Washington, D.C.

24. http://www.vallecamonicaunesco.it/parco-naquane.php?lang=en

25. "Blogue de Arte Rupestre Britânica | Um Fórum sobre Arte Rupestre Pré-Histórica nas Ilhas Britânicas". Rockartuk.wordpress.com. Recuperado em 2013-08-18.

26. Fotos. Celticland.com. (2007-08-13). Recuperado em 2013-02-12.

27. "Umeâ, Norrfors". Europreart.net. Recuperado em 2013-08-18.

28. Choi, Charles. "Chamem a esta antiga escultura rupestre 'pequeno homem excitado'". Ciência na MSNBC. 22 de fevereiro de 2012. Recuperado em 9 de abril de 2012.

29. "Colonos em La Silla". www.eso.org. Recuperado em 6 de junho de 2017.

30. "A ascensão do homem". Recuperado em 28 de dezembro de 2015.

31. "Lhamas em La Silla". Imagem da semana do ESO. Recuperado em 29 de abril de 2014.

32. "Informações sobre a Ilha de Ometepe - El Ceibo". ometepeislandinfo.com. Recuperado em 2017-03-05.

33. Parque Provincial de Petroglyph, Nanaimo, Ilha de Vancouver, BC. Britishcolumbia.com. Recuperado em 2013-02-12.

34. Ilha de Gabriola BC

35. Petroglyphs.us. Recuperado em 2013-02-12.

36. Keyser, James D. (julho de 1992). Arte rupestre indígena do planalto de Columbia. Imprensa da Universidade de Washington. ISBN 978-0-295-97160-5.

37. Moore, Donald W. Petroglyph Canyon Tours. Desertusa.com. Recuperado em 2013-02-12.

38. Trilha de recreação nacional de Grimes Point, sítio arqueológico BLM de Nevada. Americantrails.org (2012-01-13). Recuperado em 2013-02-12.

39. Museus e sítios históricos. ohiohistory.org.. Recuperado em 2013-02-12.

40. "Paint Lick". Craborchardmuseum.com. Recuperado em 2013-08-18.

41. "Monumento Nacional de Petroglyph (Serviço de Parques Nacionais dos EUA)". nps.gov.

42. Sítio do petróglifo de Três Rios. Nm.blm.gov (2012-09-13). Recuperado em 2013-02-12.

43. Harmanşah, Ömür (ed) (2014), OfRocks and Water: Uma Arqueologia do Lugar, 2014, Oxbow

Books, ISBN 1-78297-674-4, 9781782976745
44. Rawson, Jessica (ed). O Livro de Arte Chinesa do Museu Britânico, 2007 (2.ª ed.), Museu Britânico Press, ISBN 978-0-7141-2446-9
45. Sickman, Laurence, em: Sickman L. & Soper A., The Art and Architecture of China, Pelican History of Art, 3ª ed 1971, Penguin (atualmente Yale History of Art), LOC 70-125675

CAPÍTULO- 7

Comunicação para o desenvolvimento - uma perspetiva indiana

Hussain A. Ahmed

O desenvolvimento é, antes de mais, a ativação dos recursos humanos e materiais de um país com vista a aumentar a produção de bens e serviços, conduzindo assim ao progresso geral e ao bem-estar da sua população.

O papel da comunicação no desenvolvimento socioeconómico e cultural a nível nacional e internacional tem sido reconhecido nas últimas duas décadas. O papel fundamental da comunicação para o desenvolvimento consiste em ajudar as pessoas a mudar o seu comportamento.

O jornalismo de desenvolvimento não se refere a nenhuma instituição em particular. Significa todo o processo de comunicação. Significa novas atitudes por parte do governo, da imprensa, da rádio e da televisão. As questões de desenvolvimento podem consistir nas principais decisões políticas tomadas por uma nação que afectam direta ou indiretamente a vida da sua população.

As questões de desenvolvimento podem ir desde a decisão do governo de subsidiar o preço dos fertilizantes para os seus produtos planeados, até à negociação de preços justos para os seus produtos primários, por parte dos países desenvolvidos. Estas questões exigem, basicamente, um mosaico pormenorizado de informações sobre o desenvolvimento, inteligentemente reunidas a partir de uma variedade de fontes, que proporcionem uma opinião articulada tanto à população como ao governo.

Quando os meios de comunicação social começarem a identificar e a tratar as questões do desenvolvimento numa base sustentada, gerarão um debate público e ajudarão os governos e a população a chegar a opiniões bem informadas. Também ajudarão as pessoas a sair da sua apatia geral em relação aos principais acontecimentos e questões que têm uma influência direta nas suas vidas.

Os objectivos da comunicação para o desenvolvimento são:

Determinar as necessidades da população e dar credibilidade à expressão dessas necessidades. Proporcionar ao cidadão um acesso suficiente ao sistema de comunicação para servir de feedback eficaz ao governo relativamente aos seus objectivos e planos de desenvolvimento.

Proporcionar ligações de comunicação horizontais e verticais a todos os níveis da sociedade; canais de comunicação através dos quais as pessoas a todos os níveis da sociedade e em todas as regiões e as localidades têm a capacidade de comunicar entre si para realizar a coordenação necessária tanto para o reordenamento dos recursos como para o desenvolvimento humano.

Apoiar a comunidade local na preservação da cultura. A preservação da cultura através de eventos e entretenimento na rádio ou televisão nacionais não é suficiente para preservar essa cultura, que inclui as actividades da população local nas suas comunidades locais. São necessários meios de comunicação locais e mecanismos de apoio locais, para além do incentivo implícito no reconhecimento nacional.

1. Sensibilizar as pessoas para os projectos e oportunidades de desenvolvimento.

2. Ajudar a promover atitudes que contribuam para o desenvolvimento e a motivação.

3. Fornecer informações pertinentes.

4. Apoiar o desenvolvimento económico através da ligação industrial.

Apoiar projectos específicos de desenvolvimento e serviços sociais, incluindo cuidados de saúde, formação agrícola ou profissional e projectos de planeamento familiar.

Se for bem gerido, o processo de comunicação pode permitir que milhões de pessoas nos países em desenvolvimento se elevem, através dos seus próprios esforços, de um estado de ignorância, pobreza e doença para um estado de bem-estar económico, social e moral.

Papel

O comunicador do desenvolvimento desempenha um papel muito importante na explicação do processo de desenvolvimento às pessoas comuns, de modo a que este seja aceite. Para atingir este objetivo, tem de compreender o processo de desenvolvimento e de comunicação. Deve ter conhecimentos de técnicas profissionais e conhecer o público.

O maior desafio que o comunicador enfrenta é a preparação e a distribuição de mensagens de desenvolvimento a milhões de pessoas, de modo a que sejam recebidas e compreendidas, aceites e aplicadas. Se aceitarem este desafio, conseguirão fazer com que as pessoas se identifiquem como parte de uma sociedade e de uma nação. Esta identidade ajudará a aproveitar estes recursos humanos para o bem-estar total do indivíduo e da comunidade em geral.

Cena indiana

A imprensa na Índia não tem um papel específico na cobertura do desenvolvimento, exceto no que se refere à publicação de um plano de desenvolvimento quinquenal, à abertura de uma fábrica, aos debates no Parlamento ou a uma declaração política de um dirigente governamental.

As razões para esta abordagem discreta do desenvolvimento foram o facto de a intensa luta interna pelo poder e a procura de identidades políticas terem ocupado quase toda a atenção da imprensa. Para além disso, a forte polarização política no seio da imprensa distorcia qualquer avaliação independente do cenário de desenvolvimento.

A imprensa ainda estava preocupada em relatar os acontecimentos, ignorando assim os processos que os produziram. Isto significa que, embora a imprensa noticiasse a fome, não interpretava o longo processo de escassez de alimentos que levou à fome. Embora a imprensa noticiasse a fome, raramente achava que valia a pena escrever sobre o processo através do qual o país ganhou autossuficiência alimentar. O mesmo acontece quando se fala de crescimento demográfico.

Posteriormente, os jornalistas da Índia e de outros países asiáticos começaram a repensar o papel da imprensa no desenvolvimento económico, à medida que se tornavam cada vez mais conscientes da magnitude das crises, uma após outra, desde a população até à pobreza rural, desde a instabilidade contínua dos preços dos produtos de base até à espiral da inflação e ao aumento das desigualdades dentro das nações. Este repensar conduziu a um papel positivo dos jornais no processo de desenvolvimento do país.

O jornalista tem de mudar as suas prioridades do sensacionalismo para a mudança socioeconómica, o desenvolvimento e a melhoria da educação. Por outras palavras, tem de assumir o papel de catalisador da mudança, de motivador e, finalmente, de agente de mudança.

Geralmente, um jornalista não recebe muito apoio da direção no seu novo papel de catalisador da mudança. No entanto, há jornalistas que estão dispostos a ser empreendedores e a correr riscos. Por exemplo, George Verghese, um antigo editor do The Hindustan Times, decidiu iniciar uma coluna quinzenal regular que retratava a vida numa aldeia conhecida como Chatera. A primeira parte de "Our Village Chatera" apareceu como história de capa no Sunday Hindustan Times em 23 de fevereiro de 1969. Nunca mais se olhou para trás e a reportagem continuou a ser publicada. O resultado - o projeto tornou-se um agente de mudança e desempenhou o papel de catalisador na implantação de novas ideias e na articulação de aspirações. Trouxe a ciência, a televisão, as máquinas, os bancos, etc. para a aldeia. Verghese conseguiu abrir uma janela para a Índia rural àqueles que a planeiam mas raramente a conhecem. O projeto deu uma dimensão acrescida ao jornalismo, conquistou o afeto de uma aldeia e ajudou e

encorajou a aldeia a crescer. Isto pode acontecer em muitas áreas. A abordagem indiana ao desenvolvimento baseia-se no pressuposto de que a grande massa da população rural analfabeta e pobre é um recurso de desenvolvimento altamente valioso.

As famílias e comunidades rurais individuais podem ser guiadas para o caminho do desenvolvimento se lhes forem dados conhecimentos práticos das ciências sociais e naturais e da tecnologia. O governo tem a principal responsabilidade de reunir a força da população rural e as ciências e tecnologias. Este trabalho deve ser efectuado gradualmente para que o padrão de vida na aldeia não seja gravemente perturbado. A melhor maneira de o fazer é através de um sistema de comunicação interpessoal descentralizado a nível dos blocos comunitários.

Telecomunicações na Índia

A rede de telecomunicações da Índia é a segunda maior do mundo em número de utilizadores de telefone (fixo e móvel), com 1,053 mil milhões de assinantes em 31 de agosto de 2016. Tem uma das tarifas de chamadas mais baixas do mundo, graças aos mega operadores de telecomunicações e à hiperconcorrência entre eles. A Índia tem a segunda maior base de utilizadores de Internet do mundo. Em 31 de março de 2016, havia 342,65 milhões de assinantes da Internet no país.

Os principais sectores da indústria indiana de telecomunicações são o telefone, a Internet e a radiodifusão televisiva. A indústria do país, que se encontra num processo contínuo de transformação numa rede da próxima geração, utiliza um sistema extensivo de elementos de rede modernos, tais como centrais telefónicas digitais, centros de comutação móveis, portas de comunicação e portas de sinalização no núcleo, interligados por uma grande variedade de sistemas de transmissão que utilizam fibras ópticas ou redes de retransmissão de rádio por micro-ondas. A rede de acesso, que liga o assinante ao núcleo, é altamente diversificada, com diferentes tecnologias de par de cobre, de fibra ótica e sem fios. A DTH, uma tecnologia de radiodifusão relativamente nova, alcançou uma popularidade significativa no segmento da televisão. A introdução da FM privada deu um impulso à radiodifusão na Índia. As telecomunicações na Índia têm sido grandemente apoiadas pelo sistema INSAT do país, um dos maiores sistemas de satélites domésticos do mundo. A Índia possui um sector diversificado

sistema de comunicações, que liga todas as partes do país por telefone, Internet, rádio, televisão e satélite.

O sector das telecomunicações indiano passou por um elevado ritmo de liberalização e crescimento do mercado desde a década de 1990, tendo-se tornado o mercado de telecomunicações mais competitivo do mundo e um dos que regista um crescimento mais rápido. O sector cresceu mais de vinte vezes em apenas dez anos, passando de menos de 37 milhões de assinantes em 2001 para mais de 846 milhões de assinantes em 2011. A Índia tem a segunda maior base de utilizadores de telemóveis do mundo, com mais de 929,37 milhões de utilizadores em maio de 2012. Tem a segunda maior base de utilizadores de Internet do mundo - - com mais de 300 milhões em junho de 2015.

As telecomunicações apoiaram o desenvolvimento socioeconómico da Índia e desempenharam um papel significativo na redução do fosso digital entre as zonas rurais e urbanas. Contribuíram igualmente para aumentar a transparência da governação com a introdução da governação eletrónica na Índia. O governo utilizou de forma pragmática as modernas instalações de telecomunicações para realizar programas de educação em massa para as populações rurais da Índia.

De acordo com a GSMA, organismo de comércio de telecomunicações com sede em Londres, o sector das telecomunicações representou 6,5% do PIB da Índia em 2015, ou seja, cerca de^ 9 lakh crore (140 mil milhões de dólares), e apoiou o emprego direto de 2,2 milhões de pessoas no país. A GSMA estima que o sector das telecomunicações indiano contribuirá com^ 14,5 lakh crore (230 mil milhões de dólares) para a economia e apoiará 3 milhões de empregos diretos e 2 milhões de empregos indirectos até 2020.

As telecomunicações na Índia começaram com a introdução do telégrafo. Os sectores postal e de telecomunicações indianos são um dos mais antigos do mundo. Em 1850, foi iniciada a primeira linha telegráfica eléctrica experimental entre Calcutá e Diamond Harbour. Em 1851, foi aberta para uso da Companhia Britânica das Índias Orientais. Nessa altura, o departamento dos Correios e Telégrafos ocupava um pequeno canto do Departamento de Obras Públicas.

A construção de 4.000 milhas (6.400 km) de linhas telegráficas foi iniciada em novembro de 1853. Estas linhas ligavam Calcutá e Peshawar, a norte; Agra, Bombaim, através de Sindwa Ghats, e Chennai, a sul; Ootacamund e Bangalore. William O'Shaughnessy, que foi o pioneiro do telégrafo e do telefone na Índia, pertencia ao Departamento de Obras Públicas e trabalhou para o desenvolvimento das telecomunicações durante todo este período. Em 1854, quando o telégrafo foi aberto ao público, foi criado um departamento separado.

Em 1880, duas companhias telefónicas, nomeadamente a Oriental Telephone Company Ltd. e a Anglo-Indian Telephone Company Ltd., contactaram o Governo indiano para estabelecer uma central telefónica na Índia. A autorização foi recusada com base no facto de o estabelecimento de telefones ser um monopólio do Governo e de ser o próprio Governo a realizar o trabalho. Em 1881, o Governo voltou atrás na sua decisão anterior e foi concedida uma licença à Oriental Telephone Company Limited de Inglaterra para a abertura de centrais telefónicas em Calcutá, Bombaim, Madras e Ahmedabad, tendo sido estabelecido o primeiro serviço telefónico formal no país. Em 28 de janeiro de 1882, o Major E. Baring, membro do Conselho do Governador-Geral da Índia, declarou abertas as centrais telefónicas de

Calcutá, Bombaim e Madras. A central telefónica de Calcutá, designada "Central Exchange", contava com um total de 93 assinantes na sua fase inicial. Mais tarde, nesse mesmo ano, Bombaim também assistiu à abertura de uma central telefónica.

Outros desenvolvimentos e marcos importantes

1. Pré-1902 - Telégrafo por cabo
2. 1902 - Estabelecida a primeira estação de telégrafo sem fios entre a ilha de Sagar e Sandhead.
3. 1907 - Primeira bateria central de telefones introduzida em Kanpur.
4. 1913-1914 - Instalação do primeiro câmbio automático em Shimla.
5. 1927 - Sistema de radiotelegrafia entre o Reino Unido e a Índia, com estações de feixe da Imperial Wireless Chain em Khadki e Daund. Inaugurado por Lord Irwin em 23 de julho, com uma troca de cumprimentos com o Rei George V.
6. 1933 - Inauguração do sistema radiotelefónico entre o Reino Unido e a Índia.
7. 1953 - Introdução do sistema de 12 canais.
8. 1960 - Entrada em funcionamento da primeira linha de marcação de troncos para assinantes entre Lucknow e Kanpur.
9. 1975 - Entrada em funcionamento do primeiro sistema PCM entre as centrais telefónicas de Mumbai City e Andheri.
10. 1976 - Primeira junção digital de micro-ondas.
11. 1979 - Primeiro sistema de fibra ótica para o cruzamento local, comissionado em Pune.
12. 1980 - Primeira estação terrestre de satélite para comunicações domésticas estabelecida em Sikandarabad, U.P..
13. 1983 - Primeira central analógica de Controlo de Programas Armazenados para linhas de tronco, comissionada em Mumbai.
14. 1984 - Criação da C-DOT para o desenvolvimento e produção autóctones de bolsas digitais.
15. 1995 - Em 15 de agosto de 1995, em Deli, foi lançado o primeiro serviço de telefonia móvel sem fins comerciais.
16. 1995 - Introdução da Internet na Índia, começando por Laxmi Nagar, Deli 15 de agosto de 1995

Desenvolvimento da radiodifusão: A radiodifusão foi iniciada em 1927, mas só em 1930 passou a ser da responsabilidade do Estado. Em 1937, foi-lhe dado o nome de All India Radio e, desde 1957, chama-se Akashvani. A programação televisiva de duração limitada teve início em 1959 e a transmissão completa seguiu-se em 1965. O Ministério da Informação e da Radiodifusão era proprietário e mantinha o aparelho audiovisual - incluindo o canal de televisão Doordarshan - no país antes das reformas económicas de 1991. Em 1997, foi criado um organismo autónomo com o nome de Prasar Bharti para se ocupar do serviço público de radiodifusão ao abrigo da Lei Prasar Bharti. A All India Radio e a Doordarshan, que anteriormente funcionavam como unidades de comunicação social sob a tutela do Ministério da I&B, passaram a fazer parte deste organismo. Estatísticas anteriores à liberalização: Embora todas as principais cidades e vilas do país estivessem ligadas a telefones durante o período britânico, o número total de telefones em 1948 era apenas de cerca de 80 000. Após a independência, o crescimento manteve-se lento porque o telefone era visto mais como um símbolo de estatuto do que como um instrumento de utilidade. O número de telefones cresceu lentamente para 980.000 em 1971, 2,15 milhões em 1981 e 5,07 milhões em 1991, ano em que se iniciaram as reformas económicas no país.

Liberalização e privatização

A liberalização do sector das telecomunicações na Índia teve início em 1981, quando a Primeira-Ministra Indira Gandhi assinou contratos com a Alcatel CIT de França para se fundir com a empresa pública de telecomunicações (ITI), num esforço para criar 5 000 000 de linhas por ano. No entanto, a política foi rapidamente abandonada devido à oposição política. As tentativas de liberalização do sector das telecomunicações foram prosseguidas pelo governo seguinte, chefiado por Rajiv Gandhi. Este convidou Sam Pitroda, um indiano não residente nos Estados Unidos e antigo executivo da Rockwell International, a criar um Centro de Desenvolvimento da Telemática (C-DOT) que fabricava centrais telefónicas electrónicas na Índia pela primeira vez. Sam Pitroda desempenhou um papel importante como consultor e conselheiro no desenvolvimento das telecomunicações na Índia.

Em 1985, o Department of Telecom (DoT) foi separado do Indian Post & Telecommunication Department. O DoT foi responsável pelos serviços de telecomunicações em todo o país até 1986, altura em que a Mahanagar Telephone Nigam Limited (MTNL) e a Videsh Sanchar Nigam Limited (VSNL) foram separadas do DoT para gerir os serviços de telecomunicações das cidades metropolitanas (Deli e Mumbai) e as operações internacionais de longa distância, respetivamente.

A procura de telefones era cada vez maior e, na década de 1990, o governo indiano estava sob pressão crescente para abrir o sector das telecomunicações ao investimento privado como parte das políticas de liberalização-privatização-globalização que o governo teve de aceitar para ultrapassar a grave crise fiscal e o consequente problema da balança de pagamentos em 1991. Consequentemente, foi autorizado o investimento privado no sector dos serviços de valor acrescentado (SVA) e o sector das telecomunicações celulares foi aberto à concorrência de investimentos privados. Foi durante este período que o Governo liderado por Narasimha Rao introduziu a Política Nacional de Telecomunicações (PNT) em 1994, que introduziu alterações nos seguintes domínios: propriedade, serviço e regulamentação das infra-estruturas de telecomunicações. A política introduziu o conceito de telecomunicações para todos e a sua visão era alargar as instalações de telecomunicações a todas as aldeias da Índia. A liberalização do sector das telecomunicações de base foi igualmente prevista nesta política. A política de liberalização do sector das telecomunicações de base foi também bem sucedida na criação de empresas comuns entre empresas públicas de telecomunicações e operadores internacionais. As empresas estrangeiras podiam deter até 49% da participação total. As multinacionais estavam apenas envolvidas na transferência de tecnologia e não na definição de políticas.

Durante este período, o Banco Mundial e a UIT tinham aconselhado o Governo indiano a liberalizar os serviços de longa distância, a fim de libertar o monopólio das empresas públicas DoT e VSNL e permitir a concorrência no sector dos transportes de longa distância, o que contribuiria para reduzir as tarifas e melhorar a economia do país. Em vez disso, o governo de Rao liberalizou os serviços locais, tendo aceite a confiança dos partidos políticos opositores e garantido a participação estrangeira no sector das telecomunicações de longa distância ao fim de cinco anos. O país foi dividido em 20 círculos de telecomunicações para a telefonia básica e 18 círculos para os serviços móveis. Estes círculos foram divididos nas categorias A, B e C, consoante o valor das receitas de cada círculo. O Governo abriu concursos a uma empresa privada por círculo e a uma empresa pública DoT por círculo. No que respeita aos serviços de telefonia móvel, foram autorizados dois prestadores de serviços por círculo e foi concedida uma licença de 15 anos a cada um deles

fornecedor. Durante todas estas melhorias, o governo enfrentou oposições do ITI, do DoT, do MTNL, do VSNL e de outros sindicatos, mas conseguiu manter-se afastado de todos os obstáculos.

Em 1997, o governo criou a TRAI (Telecom Regulatory Authority of India), que reduziu a interferência do governo na decisão das tarifas e na definição de políticas. Os poderes políticos mudaram em 1999 e o novo governo, sob a direção de Atal Bihari Vajpayee, era mais favorável às reformas e introduziu melhores políticas de liberalização. Em 2000, o Governo de Vajpayee criou o Telecom Disputes Settlement and Appellate Tribunal (TDSAT) através de uma alteração da lei TRAI de 1997. O principal objetivo da criação do TDSAT consistia em libertar o TRAI das funções de adjudicação e de resolução de litígios, a fim de reforçar o quadro regulamentar. Qualquer litígio que envolva partes como o licenciante, o licenciado, o prestador de serviços e os consumidores é resolvido pelo TDSAT. Além disso, qualquer direção, ordem ou decisão da TRAI pode ser contestada através de um recurso junto do TDSAT. Em 1 de outubro de 2000, o Governo procedeu à empresarialização da ala operacional do DoT, que passou a designar-se Department of Telecommunication Services (DTS) e, posteriormente, Bharat Sanchar Nigam Limited (BSNL). A proposta de aumentar a participação dos investidores estrangeiros de 49% para 74% foi rejeitada pelos partidos políticos opositores e pelos pensadores de esquerda. Os grupos empresariais nacionais queriam que o governo privatizasse a VSNL. Finalmente, em abril de 2002, o Governo decidiu reduzir a sua participação de 53% para 26% na VSNL e colocá-la à venda a empresas privadas. A TATA acabou por adquirir uma participação de 25% na VSNL.

Esta foi uma porta de entrada para muitos investidores estrangeiros nos mercados indianos de telecomunicações. Após março de 2000, o Governo tornou-se mais liberal na definição de políticas e na concessão de licenças aos operadores privados. O governo reduziu ainda mais as taxas de licença para os prestadores de serviços de telefonia celular e aumentou a participação permitida para 74% para as empresas estrangeiras. Devido a todos estes factores, as taxas de serviço acabaram por ser reduzidas e os custos das chamadas diminuíram consideravelmente, permitindo que todas as famílias comuns da classe média indiana pudessem comprar um telemóvel. Foram vendidos cerca de 32 milhões de telemóveis na Índia. Os dados revelam o verdadeiro potencial de crescimento do mercado indiano de telemóveis. Muitos operadores privados, como a Reliance Communications, a Jio, a Tata Indicom, a Vodafone, a Loop Mobile, a Airtel, a Idea, etc., entraram com êxito no mercado indiano das telecomunicações, que tem um elevado potencial.

Em março de 2008, a base total de assinantes de telemóveis GSM e CDMA no país era de 375 milhões, o que representava um crescimento de quase 50% em relação ao ano anterior. Dado que os telemóveis chineses sem marca e sem número de identificação internacional de equipamento móvel (IMEI) representam um grave risco para a segurança do país, os operadores de redes móveis suspenderam a utilização de cerca de 30 milhões de telemóveis (cerca de 8% de todos os telemóveis do país) até 30 de abril. Os telemóveis sem IMEI válido não podem ser ligados aos operadores de telemóveis. Durante 5 a 6 anos, o número médio mensal de assinantes rondava apenas 0,05 a 0,1 milhões e a base total de assinantes de telemóveis em dezembro de 2002 era de 10,5 milhões. No entanto, após uma série de iniciativas proactivas tomadas pelos reguladores e licenciantes, o número total de assinantes de serviços móveis aumentou rapidamente para mais de 929 milhões de assinantes em maio de 2012.

A Índia optou pela utilização das tecnologias GSM (sistema global para comunicações móveis) e CDMA (acesso múltiplo por divisão de código) no sector móvel. Para além dos telefones fixos e móveis, algumas empresas fornecem também o serviço WLL. As tarifas dos telemóveis na Índia também se tornaram as mais baixas do mundo. Uma nova ligação móvel pode ser activada com um compromisso mensal de apenas 0,15 dólares. Só em 2005, as adições aumentaram para cerca de 2 milhões por mês em 2003-04 e 2004-05

Telefonia

Quota de mercado dos operadores de redes móveis em 30 de abril de 2017

1. Airtel: 276,5 milhões (23,4%)
2. Vodafone: 209,81 milhões (17,8%)
3. Ideia: 196,05 milhões (16,6%)
4. Jio: 112,55 milhões (9,5%)
5. BSNL: 101,8 milhões (8,6%)
6. Aircel: 90,56 milhões (7,7%)
7. RCom: 82,17 milhões (7,0%)
8. Telenor: 49,34 milhões (4,2%)
9. Tata Docomo: 47,53 milhões (4,0%)

10. MTS: 7,35 milhões (0,6%)

11. Sistema (MTS Índia): 4,63 milhões (0,4%)

12. MTNL: 3,62 milhões (0,3%)

Quota de mercado da telefonia com fios em 30 de abril de 2017

1. BSNL: 13,5 milhões (55,6%)
2. Airtel: 3,87 milhões (15,9%)
3. MTNL: 3,45 milhões (14,2%)
4. Tata Docomo: 1,83 milhões (7,5%)
5. RCom: 1,17 milhões (4,8%)
6. Outros: 0,46 milhões (1,9%)

O segmento da telefonia é dominado pelo sector privado e por duas empresas estatais. A maioria das empresas foi formada por uma revolução recente e por uma reestruturação lançada no espaço de uma década, dirigida pelo Ministério das Comunicações e das TI, pelo Departamento das Telecomunicações e pelo Ministro das Finanças. Desde então, a maioria das empresas obteve licenças 2G, 3G e 4G e dedicou-se a actividades de telefonia fixa, móvel e Internet na Índia. Nas linhas fixas, as chamadas intra-círculo são consideradas chamadas locais, enquanto as chamadas inter-círculo são consideradas chamadas de longa distância. Política de investimento direto estrangeiro, que aumentou o limite máximo de participação estrangeira de 49% para 74%, sendo agora de 100%. O Governo está a trabalhar para integrar todo o país num único círculo de telecomunicações. Para as chamadas de longa distância, o código de área prefixado com um zero é marcado em primeiro lugar, seguido do número (ou seja, para telefonar para Deli, o 011 seria marcado em primeiro lugar, seguido do número de telefone). Para as chamadas internacionais, deve marcar-se primeiro "00", seguido do indicativo do país, do indicativo da área e do número de telefone local. O código de país para a Índia é 91. Várias ligações internacionais de fibra ótica incluem as ligações ao Japão, Coreia do Sul, Hong Kong, Rússia e Alemanha. Alguns dos principais operadores de telecomunicações na Índia são a Airtel, a Vodafone, a Idea, a Aircel, a BSNL, a MTNL, a Reliance Communications, a TATA Teleservices, a Infotel, a MTS, a Uninor, a TATA DoCoMo, a Videocon, a Augere e a Tikona Digital.

Telefone fixo

Até ao anúncio da nova política de telecomunicações em 1999, apenas a BSNL e a MTNL, propriedade do Governo, eram autorizadas a prestar serviços de telefone fixo através de fios de cobre na Índia, estando a MTNL a operar em Deli e Mumbai e a BSNL a servir todas as outras zonas do país. Devido ao rápido crescimento do sector dos telemóveis na Índia, as linhas fixas enfrentam uma forte concorrência dos operadores de telemóveis. Este facto obrigou os fornecedores de serviços de linhas terrestres a tornarem-se mais eficientes e a melhorarem a sua qualidade de serviço. As ligações terrestres estão agora também disponíveis a pedido, mesmo em zonas urbanas de elevada densidade. A Índia tem mais de 31 milhões de clientes de linhas principais.

Telefonia móvel

Em agosto de 1995, o então Ministro-Chefe de Bengala Ocidental, Jyoti Basu, fez a primeira chamada de telemóvel na Índia para o então Ministro das Telecomunicações da União, Sukhram. Dezasseis anos mais tarde, os serviços de quarta geração foram lançados em Calcutá.

Com uma base de assinantes de mais de 929 milhões, o sistema de telecomunicações móveis na Índia é o segundo maior do mundo e foi aberto a operadores privados na década de 1990. O GSM estava a manter confortavelmente a sua posição como tecnologia móvel dominante, com 80% do mercado de assinantes móveis, mas o CDMA parecia ter estabilizado a sua quota de mercado em 20%, por enquanto. Em maio de 2012, o país tinha 929 milhões de assinantes de serviços móveis, contra 350 milhões apenas 40 meses antes. O mercado das comunicações móveis continuava a expandir-se a uma taxa anual superior a 40% em 2010.

O país está dividido em várias zonas, designadas por círculos (aproximadamente ao longo das fronteiras estaduais). O Governo e vários operadores privados gerem serviços telefónicos locais e de longa distância. A concorrência fez baixar os preços e as chamadas em toda a Índia são das mais baratas do mundo. As tarifas deverão baixar ainda mais com as novas medidas a adotar pelo Ministério da Informação. Multa por queda de chamadas: As empresas de telecomunicações avisam que vão aumentar as tarifas. Em setembro de 2004, o número de ligações de telemóveis ultrapassou o número de ligações de linhas fixas e, atualmente, ultrapassa o segmento das linhas fixas numa proporção de cerca de 20:1. A base de assinantes de serviços móveis cresceu mais de cento e trinta vezes, passando de 5 milhões de assinantes em 2001 para mais de 929 milhões de assinantes em maio de 2012. A Índia utiliza principalmente o sistema móvel GSM, na banda de 900 MHz. Operadores recentes também operam na banda de 1800 MHz. Os operadores dominantes são a Airtel, a Reliance Infocomm, a Vodafone, a Idea cellular e a BSNL/MTNL. Há muitos operadores mais pequenos, que operam em apenas alguns Estados. Existem acordos de roaming internacional entre a maioria dos operadores e muitas transportadoras estrangeiras. O Governo autorizou a portabilidade dos números móveis (MNP), que permite aos utilizadores de telemóveis manterem os seus números de telemóvel quando mudam de um operador de rede móvel para outro.

A Índia está dividida em 22 círculos de telecomunicações:

Círculo de telecomunicações	Base de assinantes de telefones fixos em milhões (abril de 2017)	Base de assinantes de serviços sem fios em milhões (abril de 2017)	Teledensidade (setembro de 2014)
Andhra Pradesh e Telangana	1.62	85.37	81.06
Assam	0.15	21.88	50.41
Círculo de telecomunicações	**Base de assinantes de telefones fixos em milhões (abril de 2017)**	**Base de assinantes de serviços sem fios em milhões (abril de 2017)**	**Teledensidade (setembro de 2014)**
Bihar e Jharkhand	0.31		
Deli	3.22		
Gujarate e Damão & Diu	1.32		
Haryana	0.34		
Himachal Pradesh	0.14		
Jammu e Caxemira	0.12		
Karnataka	2.27		
Kerala e Lakshadweep	2.09		
Calcutá (incluindo Bengala Ocidental)	0.85		
Madhya Pradesh e Chhattisgarh	1.01		
Maharashtra e Goa (incluindo Mumbai)	1.88		
Mumbai*	3.04		
Nordeste ^**	0.11		
Orissa	0.28		
Punjab	0.99		

84.93	47.66
53.74	232.22
72.14	93.34
25.07	80.31
10.42	109.55
12.01	69.98
69.02	94.20
39.31	95.96
29.36	73.0
70.15	57.04
94.43	92.20[1]
36.62	Não disponível -
12.47	72.00
34.45	63.41
36.32	103.49

Círculo de telecomunicações	**Base de assinantes de telefones fixos em milhões (abril de 2017)**	**Base de assinantes de serviços sem fios em milhões (abril de 2017)**	**Teledensidade (setembro de 2014)**
Rajastão	0.72	67.25	76.18
Tamil Nadu (incluindo Chennai desde 2005)	2.52	89.42	114.71
Uttar Pradesh (Leste)	0.49	105.01	58.09(Combinado)-
Uttar Pradesh (Oeste) e Uttarakhand	0.38	66.64	58.09(Combinado)-
Oeste B engal(incluindo *** Calcutá)-	0.32	58.47	. " * 73.40-

^* As estatísticas da população só estão disponíveis por estado. ^** O círculo do Nordeste inclui Arunachal Pradesh, Manipur, Meghalaya, Mizoram, Nagaland e Tripura ^*** O círculo de Bengala Ocidental inclui Andaman-Nicobar e Sikkim

Internet

A história da Internet na Índia começou com o lançamento dos serviços pela VSNL em 15 de agosto de 1995. A empresa conseguiu adicionar cerca de 10 000 utilizadores da Internet em 6 meses. No entanto, durante os 10 anos seguintes, a experiência da Internet no país continuou a ser menos atractiva, com ligações de banda estreita com débitos inferiores a 56 kbit/s (dial-up). Em 2004, o governo formulou a sua política de banda larga, que definiu a banda larga como "uma ligação à Internet sempre ativa com uma velocidade de descarregamento de 256 kbit/s ou superior". A partir de 2005, o crescimento do sector da banda larga no país acelerou, mas manteve-se abaixo das estimativas de crescimento do governo e das agências relacionadas, devido a problemas de recursos no acesso de última milha, que eram predominantemente tecnologias de linha com fios. Este estrangulamento foi eliminado em 2010, quando o governo leiloou o espetro 3G, seguido de um leilão igualmente mediático do espetro 4G, que preparou o terreno para um mercado competitivo e revigorado da banda larga sem fios. Atualmente, o acesso à Internet na Índia é fornecido por empresas públicas e privadas que utilizam uma variedade de tecnologias e meios, incluindo a ligação telefónica (PSTN), xDSL, cabo coaxial, Ethernet, FTTH, ISDN, HSDPA (3G), WiFi, WiMAX, etc., a uma vasta gama de velocidades e custos. Segundo a IAMAI, a Índia terá o segundo maior número de utilizadores de Internet do mundo, com mais de 300 milhões, em dezembro de 2014 De acordo com a Internet And Mobile Association of India (IAMAI), a base de utilizadores da Internet no país era de 190 milhões no final de junho de 2013. De acordo com o relatório de outubro de 2013, era superior a 205 milhões. O número de assinantes de banda larga no final de maio de 2013 era de 15,19 milhões. A taxa de crescimento anual acumulada (CAGR) da banda larga durante o período de cinco anos entre 2005 e 2010 foi de cerca de 117 por cento. A DSL, apesar de deter um pouco mais de 75% do mercado local de banda larga, estava a perder progressivamente quota de mercado para outras plataformas de banda larga não DSL, especialmente para a banda larga sem fios.

Em 31 de maio de 2013, havia 161 fornecedores de serviços Internet (ISP) a oferecer serviços de banda larga na Índia. Os cinco principais ISP em termos de base de assinantes eram a BSNL (9,96 milhões), a Bharti Airtel (1,40 milhões), a MTNL (1,09 milhões), a Hathway (0,36 milhões) e a You Broadband (0,31 milhões). Os cibercafés continuam a ser a principal fonte de acesso à Internet. Em 2009, cerca de 37% dos utilizadores acederam à Internet a partir de cibercafés, 30% a partir de um escritório e 23% a partir de casa. No entanto, o número de utilizadores de Internet móvel aumentou rapidamente a partir de 2009 e, no final de setembro de 2010, existiam cerca de 274 milhões de utilizadores móveis, a maioria dos quais utilizava redes móveis 2G. As assinaturas de Internet móvel, segundo a Telecom Regulatory Authority of India (TRAI), aumentaram para 381 milhões em março de 2011. Um dos principais problemas com que se defronta o segmento da Internet na Índia é a menor largura de banda média das ligações de banda larga em comparação com a dos países desenvolvidos. De acordo com as estatísticas de 2007, a velocidade média de descarregamento na Índia rondava os 40 KB por segundo (256 kbit/s), a velocidade mínima estabelecida pela TRAI, enquanto a média internacional era de 5,6 Mbit/s durante o mesmo período. Para resolver este problema de infra-estruturas, o Governo declarou 2007 como "o ano da banda larga". Para competir com as normas internacionais de definição da velocidade da banda larga, o Governo indiano deu o passo agressivo de propor uma rede nacional de banda larga de 13 mil milhões de dólares para ligar todas as cidades, vilas e aldeias com uma população superior a 500 habitantes em duas fases que deverão estar concluídas em 2012 e 2013. A rede deveria fornecer velocidades até 10 Mbit/s em 63 áreas metropolitanas e 4 Mbit/s em mais 352 cidades. Além disso, a taxa de penetração da Internet

na Índia é uma das mais baixas do mundo e representa apenas 8,4% da população, em comparação com a taxa registada nos países da OCDE, onde a média é superior a 50%. Outra questão é a clivagem digital, em que o crescimento é tendencialmente favorável às zonas urbanas; de acordo com as estatísticas de 2010, mais de 75% das ligações de banda larga no país encontram-se nas 30 principais cidades. As autoridades reguladoras tentaram impulsionar o crescimento da banda larga nas zonas rurais, promovendo um maior investimento em infra-estruturas rurais e estabelecendo tarifas subsidiadas para os assinantes rurais ao abrigo do regime de obrigação de serviço universal do Governo indiano.

Em maio de 2014, a Internet era fornecida à Índia principalmente através de 9 fibras submarinas diferentes, incluindo a SEA-ME-WE 3, a Bay of Bengal Gateway e a Europe India Gateway, chegando a 5 pontos de aterragem diferentes

Neutralidade da rede

Em 2015, a Índia não dispunha de leis que regessem a neutralidade da rede, tendo-se registado violações dos princípios da neutralidade da rede por parte de alguns fornecedores de serviços. Embora a Autoridade Reguladora das Telecomunicações da Índia (TRAI) promova a neutralidade da rede, as diretrizes para a licença do Serviço de Acesso Unificado não são aplicadas. A Lei das Tecnologias da Informação de 2000 não proíbe as empresas de limitarem os seus serviços em função dos seus interesses comerciais

Em março de 2015, a TRAI publicou um documento de consulta formal sobre o quadro regulamentar para os serviços Over-the-top (OTT), solicitando comentários do público. O documento de consulta foi criticado por ser unilateral e conter declarações confusas. Foi condenado por vários políticos e utilizadores da Internet. Em 18 de abril de 2015, mais de 800 000 mensagens de correio eletrónico tinham sido enviadas à TRAI exigindo a neutralidade da rede.

Radiodifusão televisiva

A radiodifusão televisiva começou na Índia em 1959 pela Doordarshan, um meio de comunicação gerido pelo Estado, e teve uma expansão lenta durante mais de duas décadas. As reformas políticas do governo na década de 1990 atraíram iniciativas privadas para este sector e, desde então, a televisão por satélite tem vindo a moldar cada vez mais a cultura popular e a sociedade indiana. No entanto, apenas a Doordarshan, propriedade do Estado, tem licença para emitir televisão terrestre. O sector privado

As empresas de televisão por cabo e as empresas de DTH chegam ao público através de canais por satélite; tanto a televisão por cabo como a DTH obtiveram uma vasta base de assinantes na Índia. Em 2012, a Índia tinha cerca de 148 milhões de lares com televisão, dos quais 126 milhões tinham acesso a serviços por cabo e satélite.

Na sequência das reformas económicas dos anos 90, os canais de televisão por satélite de todo o mundo - BBC, CNN, CNBC e outros canais de televisão privados - ganharam uma posição no país. Na Índia, não existe regulamentação para controlar a propriedade de antenas parabólicas nem para a exploração de sistemas de televisão por cabo, o que, por sua vez, contribuiu para um crescimento impressionante do número de telespectadores. O crescimento do número de canais por satélite foi desencadeado por empresas como o grupo Star TV e a Zee TV. Inicialmente limitados a canais de música e entretenimento, o número de telespectadores aumentou, dando origem a vários canais em línguas regionais, especialmente em hindi. Os principais canais de notícias disponíveis eram a CNN e a BBC World. No final da década de 1990, surgiram muitos canais de actualidades e de notícias, que se tornaram imensamente populares devido ao ponto de vista alternativo que ofereciam em relação ao Doordarshan. Alguns dos mais notáveis são Aaj Tak (gerido pelo grupo India Today) e STAR News, CNN-IBN, Times Now, inicialmente gerido pelo grupo NDTV e pelo seu pivot principal, Prannoy Roy (a NDTV tem agora os seus próprios canais, NDTV 24x7, NDTV Profit e NDTV India). Ao longo dos anos, os serviços de Doordarshan também cresceram, passando de um único canal nacional para seis canais nacionais e onze regionais. No entanto, perdeu a liderança no mercado, apesar de ter passado por muitas fases de modernização a fim de conter a forte concorrência dos canais privados

Atualmente, a televisão é o meio de comunicação social com maior penetração na Índia, com estimativas do sector que indicam que existem mais de 554 milhões de consumidores de televisão e 462 milhões com ligações por satélite, em comparação com outras formas de meios de comunicação social, como a rádio ou a Internet. O Governo da Índia utilizou a popularidade da televisão e da rádio entre a população rural para a execução de muitos programas sociais, incluindo o da educação em massa. Em 16 de novembro de 2006, o Governo da Índia publicou a política de rádio comunitária que permite aos centros agrícolas, às instituições de ensino e às organizações da sociedade civil candidatarem-se a uma licença de radiodifusão FM comunitária. A rádio comunitária tem direito a 100 watts de potência efectiva irradiada (ERP) com uma altura máxima de torre de 30 metros. A licença é válida por cinco anos e uma organização só pode obter uma licença, que é intransmissível e deve ser utilizada para fins de desenvolvimento comunitário.

Rádio

Em março de 2016, existiam 345 estações de rádio na Índia.

Redes de próxima geração (NGN)

Historicamente, o papel das telecomunicações evoluiu de uma simples troca de informações para um domínio multisserviços, com serviços de valor acrescentado (VAS) integrados em várias redes distintas, como a PSTN, a PLMN, a espinha dorsal da Internet, etc. No entanto, com a diminuição da ARPU e o aumento da procura de VAS, tornou-se uma razão convincente para os fornecedores de serviços pensarem na convergência destas redes paralelas numa única rede de base com camadas de serviço separadas da camada de rede. A rede de próxima geração é um conceito de convergência que, segundo a ITU-T, é o seguinte

Uma rede da próxima geração (RNG) é uma rede baseada em pacotes que pode fornecer serviços, incluindo serviços de telecomunicações, e que pode utilizar múltiplas tecnologias de transporte de banda larga com qualidade de serviço e em que as funções relacionadas com o serviço são independentes das tecnologias subjacentes relacionadas com o transporte. Oferece um acesso sem restrições dos utilizadores a diferentes fornecedores de serviços. Suporta uma mobilidade generalizada que permitirá a prestação coerente e omnipresente de serviços aos utilizadores.

Rede de acesso: O utilizador pode ligar-se ao núcleo IP da RNG de várias formas, a maioria das quais utiliza o protocolo Internet (IP) padrão. Os terminais do utilizador, como telemóveis, assistentes pessoais digitais (PDAs) e computadores, podem registar-se diretamente no núcleo da RNG, mesmo quando estão em roaming noutra rede ou país. O único requisito é que possam utilizar IP e o Protocolo de Iniciação de Sessão (SIP). O acesso fixo (p. ex., Digital Subscriber Line (DSL), modems de cabo, Ethernet), o acesso móvel (p. ex., W-CDMA, CDMA2000, GSM, GPRS) e o acesso sem fios (p. ex., WLAN, WiMAX) são todos suportados. Outros sistemas telefónicos, como o serviço telefónico antigo e os sistemas VoIP não compatíveis, são suportados através de gateways. Com a implantação das RNG, os utilizadores podem subscrever muitos fornecedores de acesso simultâneos que fornecem serviços de telefonia, Internet ou entretenimento. Isto pode proporcionar aos utilizadores finais opções praticamente ilimitadas de escolha entre fornecedores destes serviços em ambiente NGN.

A hiperconcorrência no mercado das telecomunicações, que foi efetivamente causada pela introdução da licença do serviço de acesso universal (UAS) em 2003, tornou-se muito mais difícil após os leilões concorrenciais das 3G e 4G. Cerca de 670 000 km de fibras ópticas foram instalados na Índia pelos principais operadores, incluindo nas zonas rurais financeiramente inviáveis, e o processo continua. Tendo em conta a viabilidade da prestação de serviços nas zonas rurais, o Governo indiano também assumiu um papel proactivo na promoção da implementação das RNG no país; foi constituído um comité de peritos denominado NGN eCO para deliberar sobre as questões de licenciamento, interligação e qualidade de serviço (QoS) relacionadas com as RNG, que apresentou o seu relatório em 24 de agosto de 2007. Os operadores de telecomunicações consideraram o modelo das RNG vantajoso, mas os enormes requisitos de investimento levaram-nos a adotar uma migração em várias fases, tendo já iniciado o processo de migração para as RNG com a implementação da rede de base IP.

Enquadramento regulamentar

O índice do Ambiente Regulamentar das Telecomunicações (ETR) do LIRNEasia, que resume a perceção das partes interessadas sobre determinadas dimensões do ETR, fornece uma visão sobre o grau de favorecimento do ambiente para um maior desenvolvimento e progresso. O inquérito mais recente foi realizado em julho de 2008 em oito países asiáticos, incluindo o Bangladesh, a Índia, a Indonésia, o Sri Lanka, as Maldivas, o Paquistão, a Tailândia e as Filipinas. A ferramenta mediu sete dimensões: i) entrada no mercado; ii) acesso a recursos escassos; iii) interligação; iv) regulamentação tarifária; v) práticas anticoncorrenciais; e vi) serviços universais; vii) qualidade do serviço, para os sectores fixo, móvel e de banda larga.

Os resultados relativos à Índia apontam para o facto de as partes interessadas considerarem que o TCE é mais favorável ao sector móvel, seguido do fixo e depois da banda larga. Com exceção do acesso a recursos escassos, o sector fixo fica atrás do sector móvel. Os sectores fixo e móvel têm as pontuações mais elevadas em matéria de regulamentação tarifária. A entrada no mercado também tem uma boa pontuação no sector móvel, uma vez que a concorrência está bem enraizada, com a maioria dos círculos a ter 4-5 prestadores de serviços móveis. O sector da banda larga tem a pontuação mais baixa no conjunto dos sectores. A baixa penetração da banda larga, de apenas 3,87 contra o objetivo político de 9 milhões no final de 2007, indica claramente que o ambiente regulamentar não é muito favorável.

Em 2013, o Ministério do Interior declarou que a legislação deve garantir que as agências de aplicação da lei tenham poderes para intercetar comunicações.

Receitas e crescimento

As receitas totais do sector dos serviços de telecomunicações foram de^ 867,2 mil milhões (13,5 mil milhões de dólares) em 2005-06, contra^ 716,74 mil milhões (11,1 mil milhões de dólares) em 2004-2005, registando um crescimento de 21%, com receitas estimadas para o exercício de 2011 de^ 8,35 mil milhões (130 milhões de dólares). O investimento total no sector dos serviços de telecomunicações atingiu^ 2,006 mil milhões (31,2 mil milhões de dólares) em 2005-06, contra^ 1,788 mil milhões (27,8 mil milhões de dólares) no exercício anterior. As telecomunicações são a tábua de salvação do sector das tecnologias da informação em rápido crescimento. A base de subscritores da Internet aumentou para mais de 121 milhões em 2011. Destes, 11,47 milhões eram ligações de banda larga. Mais de mil milhões de pessoas utilizam a Internet a nível mundial. No âmbito do programa Bharat Nirman, o Governo da Índia assegurará a ligação de 66 822 aldeias do país que ainda não dispõem de um telefone público de aldeia (VPT). No entanto, foram levantadas dúvidas sobre o que isso significaria para os pobres do país É difícil determinar plenamente o potencial de emprego do sector das telecomunicações, mas a enormidade das oportunidades pode ser avaliada pelo facto de existirem 3,7 milhões de postos de atendimento ao público em dezembro de 2005, contra 2,3 milhões em dezembro de 2004.

É provável que as receitas totais da empresa indiana de serviços de telecomunicações excedam^ 2 000 mil milhões (31 mil milhões de dólares) (cerca de 44 mil milhões de dólares) no exercício 11-12, com base nos números do exercício 10-11 e nos últimos resultados trimestrais. Estes números são consolidados, incluindo as operações estrangeiras da Bharti Airtel. As principais contribuições para estas receitas são as seguintes:

1. Airtel^ 65.060 (US$1.000)

2. Reliance Communications^ 31,468 (US$490)

3. Idea^ 16,936 (US$260)

4. Tata Communications^ 11,931 (US$190)

5. MTNL^ 4,380 (US$68)

e. TTML^ 2,248 (US$35)

7. BSNL^ 32,045 (US$500)

8. Vodafonelndia^ 18,376 (US$290)
9. Tata Teleservices^ 9.200 (US$140)
10. Aircel^ 7,968 (US$120)
11. SSTL^ 600 (US$9.30)
12. Uninor^ 660 (US$10)
13. Loop^ 560 (US$ 8,70)
14. Stel^ 60 (930 US)
15. HFCL^ 204 (US$3.20)
16. Videocon Telecom^ 254 (US$3,90)

17. DB Etisalat/ Allianz^ 47 (730 US)

18. Total geral^ 2,019 mil milhões (31 mil milhões de dólares)

Internacional

1. Nove estações terrenas de satélite - 8 Intelsat (Oceano Índico) e 1 Inmarsat (região do Oceano Índico).
2. Nove bolsas de passagem que operam a partir de Mumbai, Nova Deli, Calcutá, Chennai, Jalandhar, Kanpur, Gandhinagar, Hyderabad e Ernakulam.

Cabos submarinos

1. LOCOM que liga Chennai a Penang, Malásia
2. Cabo Índia-EUA que liga Bombaim a Al Fujayrah, EAU.
3. SEA-ME-WE 2 (Sudeste Asiático-Médio Oriente-Europa Ocidental 2)
4. SEA-ME-WE 3 (South East Asia-Middle East-Western Europe 3) - Locais de aterragem em Cochin e Mumbai. Capacidade de 960 Gbit/s.
5. SEA-ME-WE 4 (South East Asia-Middle East-Western Europe 4) - Locais de aterragem em Mumbai e Chennai. Capacidade de 1,28 Tbit/s.
6. Fibre-Optic Link Around the Globe (FLAG-FEA) com um local de aterragem em Bombaim (2000). Capacidade de projeto inicial de 10 Gbit/s, melhorada em 2002 para 80 Gbit/s, melhorada para mais de 1 Tbit/s (2005).
7. TIISCS (Tata Indicom India-Singapore Cable System), também conhecido como TIC (Tata Indicom Cable), de Chennai a Singapura. Capacidade de 5,12 Tbit/s.
8. i2i - Chennai para Singapura. Capacidade de 8,4 Tbit/s.
9. SEACOM De Mumbai para o Mediterrâneo, via África do Sul. Une-se ao SEA-ME- WE 4 ao largo da costa ocidental de Espanha para transportar o tráfego para Londres (2009). Capacidade de 1,28 Tbit/s.
10. I-ME-WE (Índia-Médio Oriente-Europa Ocidental) com dois locais de aterragem em Mumbai (2009). Capacidade de 3,84 Tbit/s.
11. EIG (Europe-India Gateway), aterragem em Mumbai (prevista para o segundo trimestre de 2010).
12. MENA (Médio Oriente e Norte de África).
13. TGN-Eurásia (anunciado) Aterragem em Mumbai (prevista para 2010?), capacidade de 1,28 Tbit/s
14. TGN-Golfo (anunciado) Aterragem em Mumbai (prevista para 2011?), capacidade desconhecida.

DESENVOLVIMENTO DA COMUNICAÇÃO NA ÍNDIA

Como é que a disciplina e a prática da comunicação para o desenvolvimento começaram? Quem foram os fundadores e como foram implementadas as primeiras experiências? O objetivo do presente documento é apresentar uma panorâmica da comunicação para o desenvolvimento. Para tal, a primeira secção centra-se na perspetiva teórica e na evolução da comunicação para o desenvolvimento. Em seguida, este estudo especifica as componentes da comunicação para o desenvolvimento e, depois, avalia as diferentes abordagens a esta formulação concetual. Assim, discute-se a abordagem da extensão e do desenvolvimento comunitário, o método ideológico e de mobilização de massas, o método dos meios de comunicação social centralizados, o método dos meios de comunicação social localizados e a abordagem integrada.

Conclui que, uma vez que a comunicação para o desenvolvimento não se limita ao mero fornecimento de informações sobre as actividades de desenvolvimento, não deve limitar-se aos meios de comunicação de massas convencionais. Pelo contrário, deve envolver fortes componentes de organização social e modos e meios de comunicação interpessoais e tradicionais, se quiser ser bem sucedida.

Desenvolvimento^ e -comunicação Y são dois termos fortemente carregados de diferentes concepções e de uma riqueza de utilizações e funções moldadas pelos seus vários fundamentos teóricos. Esta riqueza conduz frequentemente a ambiguidades e a uma falta de clareza que afecta o campo da comunicação para o desenvolvimento. A vasta gama de interpretações da terminologia-chave e a rápida evolução de alguns conceitos conduziram a incoerências na forma como os termos básicos são

compreendida e utilizada. O que temos aqui, de facto, é mais uma abordagem do que uma disciplina. No que diz respeito às suas definições, estas consistem geralmente em afirmações de carácter geral. Assim, os meios de comunicação, no contexto do desenvolvimento, são geralmente utilizados para apoiar iniciativas de desenvolvimento através da divulgação de mensagens que encorajam o público a apoiar projectos orientados para o desenvolvimento. Embora as estratégias de desenvolvimento nos países em desenvolvimento divirjam muito, o padrão habitual da radiodifusão e da imprensa tem sido predominantemente o mesmo: informar a população sobre projectos, ilustrar as vantagens desses projectos e recomendar o seu apoio. Um exemplo típico desta estratégia situa-se na área do planeamento familiar, onde meios de comunicação como cartazes, panfletos, rádio e televisão tentam persuadir o público a aceitar métodos de controlo da natalidade. Estratégias semelhantes são utilizadas em campanhas sobre saúde e nutrição, projectos agrícolas, educação, etc. O conceito de comunicação para o desenvolvimento surgiu no âmbito da contribuição da comunicação e dos media para o desenvolvimento dos países do Terceiro Mundo. As comunicações para o desenvolvimento são esforços organizados para utilizar os processos de comunicação e os meios de comunicação para introduzir melhorias sociais e económicas, geralmente nos países em desenvolvimento. Este campo surgiu no final da década de 1950, no meio de grandes esperanças de que a rádio e a televisão pudessem ser utilizadas nos países mais desfavorecidos do mundo para alcançar um progresso dramático. Os primeiros teóricos da comunicação, como Wilbur Schramm e Daniel Lerner, basearam as suas grandes expectativas no aparente êxito da propaganda da Segunda Guerra Mundial, para a qual tinham contribuído os meios académicos e Hollywood. Também com a Segunda Guerra Mundial surgiram dezenas de novos países, muito pobres, deixados pelos seus antigos colonizadores com poucas infra-estruturas, educação ou estabilidade política. Era amplamente aceite que os meios de comunicação social podiam trazer educação, competências essenciais, unidade social e um desejo de "modernização". Walt Rostow teorizou que as sociedades progridem através de fases específicas de desenvolvimento no seu caminho para a modernidade, a que chamou "a era do grande consumo de massas". Lerner sugeriu que a exposição aos meios de comunicação ocidentais criaria "empatia" pela cultura moderna e um desejo de passar das formas tradicionais para as modernas. As primeiras comunicações sobre desenvolvimento, especialmente as patrocinadas pelo governo dos EUA, também eram vistas como um meio de "conquistar corações e mentes" para um modo de vida capitalista.

Estas primeiras abordagens partiam de uma série de pressupostos errados, que foram largamente abandonados nas abordagens contemporâneas ao desenvolvimento. Os obstáculos ao desenvolvimento eram vistos, ingenuamente, como estando enraizados nos países em desenvolvimento e não como produtos das relações internacionais.

Presumia-se que a modernização equivalia à ocidentalização e que era um pré-requisito necessário para satisfazer as necessidades humanas. O desenvolvimento era visto como um processo do topo para a base, em que os meios de comunicação social centralizados podiam provocar uma mudança generalizada. Os produtores de meios de comunicação para o desenvolvimento não se perguntavam muitas vezes se o público podia receber a mensagem (a penetração da televisão nos países em desenvolvimento é mínima e a penetração da rádio nos primeiros tempos da comunicação para o desenvolvimento era reduzida), compreender a mensagem (um problema em países com dezenas de línguas e dialectos), agir de acordo com a mensagem (com as ferramentas necessárias ou outras formas de apoio estrutural) e querer agir de acordo com a mensagem. E porque se baseava num modelo de propaganda, os esforços de comunicação para o desenvolvimento eram muitas vezes vistos como propaganda e desconfiados. Os projectos que incorporam estas filosofias tiveram pouco sucesso. Nas décadas de 1970 e 1980, surgiu um novo paradigma de comunicação para o desenvolvimento que reconhecia melhor o processo de subdesenvolvimento deliberado em função do colonialismo, a grande diversidade das culturas envolvidas, as diferenças entre os objectivos da elite e os objectivos populares de mudança social, os consideráveis constrangimentos políticos e ideológicos à mudança e as infinitas variedades de formas de comunicação das diferentes culturas. Mas, nalguns casos, as tecnologias dos meios de comunicação de massas, incluindo a televisão, têm sido "multiplicadores mágicos" de benefícios para o desenvolvimento. A televisão educativa tem sido utilizada eficazmente para complementar o trabalho dos professores nas salas de aula no ensino da literacia e de outras competências, mas apenas em programas bem concebidos que estejam integrados noutros esforços educativos. O equipamento de vídeo de consumo e os videogravadores têm sido utilizados para complementar os esforços de comunicação em alguns pequenos projectos. Alguns países em desenvolvimento têm demonstrado sucesso na utilização da televisão por satélite para fornecer informações úteis a partes das suas populações fora do alcance da radiodifusão terrestre. Em 1975 e 1976, um projeto experimental de comunicações por satélite denominado SITE (Satellite Instructional Television Experiment) foi utilizado para levar programas de televisão informativos às zonas rurais da Índia. Ocorreram algumas mudanças nas crenças e comportamentos, mas há poucos indícios de que a televisão por satélite tenha sido o melhor meio para atingir esse objetivo. O projeto levou a Índia a desenvolver a sua própria rede de satélites. A China também embarcou num ambicioso programa de utilização de satélites para o desenvolvimento, reivindicando um sucesso substancial na educação rural. Quando a televisão tem tido êxito como instrumento educativo nos países em desenvolvimento, é apenas quando se verificam condições de visionamento muito específicas. Por exemplo, os programas são mais bem vistos em pequenos grupos, com um professor a apresentá-los e a conduzir um debate posterior.

Vários tipos de organizações trabalham com os governos locais para desenvolver projectos de comunicação. As Nações Unidas fornecem ajuda multilateral aos governos. As organizações não governamentais (ONG) sem fins lucrativos realizam projectos de desenvolvimento em todo o mundo utilizando fundos das Nações Unidas, do governo ou privados. E as agências governamentais, como a Agência dos Estados Unidos para o Desenvolvimento Internacional (USAID), prestam assistência aos países em desenvolvimento, mas com condicionalismos políticos. Existem três tipos comuns de campanhas de desenvolvimento: Persuasão, mudando o que as pessoas fazem; Educação, mudando os valores sociais; e Informação, capacitando as pessoas para a mudança através do aumento dos conhecimentos. Esta terceira abordagem é atualmente considerada como a mais útil. Em vez de tentar modernizar as pessoas, os esforços contemporâneos tentam reduzir a desigualdade, visando os segmentos mais pobres da sociedade, envolvendo as pessoas no seu próprio desenvolvimento, dando-lhes independência em relação à autoridade central e empregando tecnologias "pequenas" e "apropriadas". A ênfase passou do crescimento económico para a satisfação das necessidades básicas. Nesta nova visão do desenvolvimento, a comunicação torna-se um importante catalisador da mudança, mas não a sua causa. Os meios de comunicação populares locais, por exemplo, são utilizados para reduzir a tendência dos meios de comunicação para a literacia e fornecer informação de uma forma tradicional e familiar. O jornalismo de desenvolvimento fornece às pessoas informações sobre a mudança na sua sociedade e trabalha a nível local para defender a mudança. Quando os meios de comunicação social são atualmente utilizados nas sociedades em desenvolvimento, os jornais comunitários e a rádio revelam-se muito mais acessíveis e úteis do que a televisão. A rápida difusão da televisão de entretenimento no mundo em desenvolvimento está a revelar-se mais uma perturbação das estruturas sociais tradicionais do que um agente de progresso. Um género emergente de televisão mostra-se promissor para contribuir para o desenvolvimento. A telenovela, pioneira no Brasil, tem demonstrado algum sucesso na disseminação de mensagens "pró-sociais". Estes programas estão agora a ser avaliados em muitos países quanto à sua eficácia na contribuição para o controlo da população, educação para a saúde e outros objectivos de desenvolvimento.

A comunicação para o desenvolvimento na Índia Para traçar a sua história, temos de recuar até às comunidades que ouviam as emissões de rádio rurais na década de 1940, a escola indiana de comunicação para o desenvolvimento. Um elemento distintivo desses primeiros programas era o facto de se centrarem na utilização de línguas indígenas - Marathi Gujarati e Kannada. As primeiras experiências organizadas da Índia em comunicação para o desenvolvimento foram realizadas na década de 1960, patrocinadas pelas universidades indianas e outras instituições de ensino, e pelas instituições da escola de Bretton Woods. As instituições educativas que desempenharam um papel importante neste esforço incluem a Universidade de

Poona, o Centro para o Estudo das Sociedades em Desenvolvimento, a Universidade de Deli, o Instituto Cristão para o Estudo da Religião e da Sociedade e a Universidade de Kerala.

A Índia é um país em desenvolvimento com muitas realizações em todos os domínios da vida moderna, incluindo a ciência e a tecnologia, a agricultura e a indústria. Atualmente, a comunicação para o desenvolvimento é um instrumento de desenvolvimento tão necessário para uma nação em desenvolvimento como nós. Por conseguinte, tem sido cada vez mais reconhecido que a participação ativa das pessoas é uma componente essencial do desenvolvimento sustentável. Qualquer intervenção com a intenção de conseguir uma melhoria real e sustentável das condições de vida das pessoas está condenada ao fracasso, a menos que os beneficiários previstos participem ativamente no processo. A menos que as pessoas participem em todas as fases de uma intervenção, desde a identificação do problema até à investigação e implementação de soluções, a probabilidade de ocorrerem mudanças sustentáveis é reduzida. A comunicação para o desenvolvimento está no cerne deste desafio: é o processo através do qual as pessoas se tornam actores principais do seu próprio desenvolvimento. A comunicação permite que as pessoas deixem de ser destinatárias de intervenções de desenvolvimento externas e passem a ser geradoras do seu próprio desenvolvimento. O século XX testemunhou o imenso impacto das tecnologias da comunicação, desde a difusão da gravação de som, do cinema e da rádio como fenómenos mundiais, passando pela emergência da televisão como influência dominante em quase todas as instituições, até à explosão da Internet no virar do novo século. A revolução digital está longe de ter terminado, uma vez que as novas invenções desafiam repetidamente pressupostos que, por sua vez, foram formados ainda ontem. Este é um momento empolgante e extremamente importante para os estudiosos da comunicação contribuírem para a compreensão e a definição dos parâmetros do nosso ambiente tecnológico e académico em mutação. Por ser uma comunicação com uma consciência social, a comunicação para o desenvolvimento está fortemente orientada para o homem, ou seja, para os aspectos humanos do desenvolvimento. Apesar de estar principalmente associada ao desenvolvimento rural, também se preocupa com os problemas urbanos, particularmente suburbanos. Desempenha dois grandes papéis. O primeiro é um papel transformador através do qual procura uma mudança social no sentido de uma maior qualidade de vida e justiça social. O segundo é um papel de socialização através do qual se esforça por manter alguns dos valores estabelecidos da sociedade que estão em consonância com o desenvolvimento. Ao desempenhar estes papéis, a comunicação para o desenvolvimento cria uma atmosfera propícia à troca de ideias que produz um equilíbrio feliz no avanço social e económico entre a produção física e as relações humanas. **Questões fundamentais sobre a comunicação para o desenvolvimento** Muitos mitos e concepções erróneas são alimentados

sobre a comunicação, especialmente quando relacionada com o domínio do desenvolvimento. Estas ideias erradas podem muitas vezes ser a causa de mal-entendidos e levar a uma utilização inconsistente e ineficaz dos conceitos e práticas de comunicação. Os dois primeiros pontos desta lista dizem respeito à comunicação em geral, enquanto os outros se referem à comunicação para o desenvolvimento em particular.

1 *"Comunicações" e "comunicação" não são a mesma coisa.* A forma plural refere-se principalmente a actividades e produtos, incluindo tecnologias da informação, produtos e serviços mediáticos (Internet, satélites, emissões, etc.). A forma singular, por outro lado, refere-se geralmente ao processo de comunicação, enfatizando as suas funções dialógicas e analíticas em vez da sua natureza informativa e dos produtos mediáticos. Esta distinção é significativa a nível teórico, metodológico e operacional. 2. *Existe uma grande diferença entre a comunicação quotidiana e a comunicação profissional.* Esta afirmação pode parecer óbvia, mas as duas são frequentemente equiparadas, quer abertamente, quer mais subtilmente, como em: -Ele ou ela comunica bem; logo, ele ou ela é um bom comunicador. Uma pessoa que comunica bem não é necessariamente uma pessoa que consegue fazer uma utilização eficaz e profissional da comunicação. Cada ser humano é um comunicador nato, mas nem todos conseguem comunicar estrategicamente, utilizando o conhecimento dos princípios e a experiência em aplicações práticas. Um especialista em comunicação profissional (desenvolvimento) compreende as teorias e práticas relevantes e é capaz de conceber estratégias eficazes que recorrem a toda a gama de abordagens e métodos de comunicação para atingir os objectivos pretendidos. 3. *Existe uma diferença significativa entre a comunicação para o desenvolvimento e outros tipos de comunicação.* Tanto em termos teóricos como práticos, existem muitos tipos diferentes de aplicações na família da comunicação. Neste artigo, refiro-me a quatro tipos principais de comunicação: comunicação de defesa, comunicação empresarial, comunicação interna e comunicação para o desenvolvimento. Cada uma tem um âmbito diferente e requer conhecimentos e competências específicos para ser executada de forma eficaz. O conhecimento especializado numa área da comunicação não é suficiente para garantir resultados se for aplicado noutra área. 4. *O âmbito e as funções principais da comunicação para o desenvolvimento não consistem exclusivamente na comunicação de informações e mensagens, mas envolvem também o envolvimento das partes interessadas e a avaliação da situação.* A comunicação não consiste apenas em "vender ideias". Esta conceção poderia ter sido adequada no passado, quando a comunicação era identificada com os meios de comunicação de massas e com o modelo linear Emissor-Mensagem-Canal-Recetor, cujo objetivo era informar as audiências e persuadi-las a mudar. Não é de surpreender que a primeira investigação sistemática sobre os efeitos da comunicação

foi realizada logo após a Segunda Guerra Mundial, quando as actividades de comunicação estavam sobretudo associadas a um conceito controverso - a propaganda. Atualmente, o âmbito da comunicação para o desenvolvimento alargou-se, passando a incluir um aspeto analítico e um aspeto dialógico, com o objetivo de abrir espaços públicos onde as percepções, opiniões e conhecimentos dos intervenientes relevantes possam ser divulgados e avaliados. 5. *As iniciativas de comunicação para o desenvolvimento nunca poderão ser bem sucedidas se não for efectuada uma pesquisa de comunicação adequada antes de se decidir sobre a estratégia.* Um profissional de comunicação não deve conceber uma campanha ou estratégia de comunicação sem dispor de todos os dados relevantes para fundamentar a sua decisão. Se for necessária mais investigação para obter dados relevantes, para identificar lacunas ou para validar os pressupostos do projeto, o especialista em comunicação não deve hesitar em fazer esse pedido à gestão do projeto. Mesmo quando um especialista em comunicação é chamado a meio de um projeto cujos objectivos parecem simples e claramente definidos, deve ser realizada uma investigação específica sobre comunicação se existirem lacunas nos dados disponíveis. As hipóteses baseadas nos conhecimentos dos especialistas= devem ser sempre trianguladas com outras fontes para garantir a sua validade global. Dada a sua natureza interdisciplinar e transversal, a investigação sobre comunicação deve, idealmente, ser realizada no início de qualquer iniciativa de desenvolvimento, independentemente do sector ou da necessidade de uma componente de comunicação numa fase posterior. 6. *Para serem eficazes no seu trabalho, os especialistas em comunicação para o desenvolvimento devem possuir um conhecimento específico e aprofundado da teoria e das aplicações práticas da disciplina.* Para além de estarem familiarizados com a literatura pertinente sobre as várias teorias, modelos e aplicações da comunicação, os especialistas em comunicação para o desenvolvimento devem também ser formados nos princípios e práticas básicos de outras disciplinas interrelacionadas, como a antropologia, o marketing, a sociologia, a etnografia, a psicologia, a educação de adultos e a investigação social. No atual quadro de desenvolvimento, é particularmente importante que um especialista esteja familiarizado com métodos e técnicas de investigação participativa, ferramentas de monitorização e avaliação e princípios básicos de conceção de estratégias. Além disso, um bom profissional deve também ter a atitude correta em relação às pessoas, ser empático e estar disposto a ouvir e a facilitar o diálogo, a fim de obter e incorporar as percepções e opiniões das partes interessadas= . Acima de tudo, um especialista em comunicação para o desenvolvimento profissional deve centrar-se de forma consistente na questão, em vez de se centrar na instituição.

7. *O apoio à comunicação para o desenvolvimento só pode ser tão eficaz como o próprio projeto.* Mesmo a estratégia de comunicação mais bem concebida falhará se os objectivos globais do projeto não forem corretamente determinados, se não obtiverem um amplo consenso das partes interessadas ou se as actividades não forem executadas de forma satisfatória. Por vezes, os peritos em comunicação são chamados a fornecer soluções para problemas que não foram claramente investigados e definidos, ou a apoiar objectivos que estão desligados da realidade política e social no terreno. Nestes casos, a solução ideal é efetuar uma investigação no terreno ou uma avaliação baseada na comunicação para sondar as questões-chave, os constrangimentos e as opções viáveis. No entanto, os prazos apertados e as limitações orçamentais levam muitas vezes os gestores a pressionar os especialistas em comunicação para que produzam soluções rápidas, tentando forçá-los a atuar como relações públicas de controlo de danos a curto prazo ou como "médicos de spin". Nestes casos, os fundamentos básicos da comunicação para o desenvolvimento são negligenciados, e os resultados são geralmente decepcionantes, especialmente a longo prazo. 8. *A comunicação para o desenvolvimento não é exclusivamente uma questão de mudança de comportamento.* As áreas de intervenção e as aplicações da comunicação para o desenvolvimento vão além da noção tradicional de mudança de comportamento para incluir, entre outras coisas, a sondagem de factores socioeconómicos e políticos, a identificação de prioridades, a avaliação de riscos e oportunidades, a capacitação das pessoas, o reforço das instituições e a promoção da mudança social

em ambientes culturais e políticos complexos. O facto de a comunicação para o desenvolvimento estar frequentemente associada à mudança de comportamentos pode ser atribuído a uma série de factores, como a sua aplicação em programas de saúde ou a sua utilização nos meios de comunicação social para persuadir o público a adotar determinadas práticas. Estes tipos de intervenções estão entre as mais visíveis, dependendo fortemente de campanhas de comunicação para mudar os comportamentos das pessoas e para eliminar ou reduzir riscos frequentemente fatais (por exemplo, a SIDA). A realidade do desenvolvimento, no entanto, é complexa e requer frequentemente mudanças mais amplas do que comportamentos individuais específicos. 9. *Os meios de comunicação social e as tecnologias da informação não são a espinha dorsal da comunicação para o desenvolvimento.* De facto, o valor acrescentado da comunicação para o desenvolvimento ocorre antes mesmo de os meios de comunicação e as tecnologias da informação e da comunicação (TIC) serem considerados. É claro que os media e as tecnologias da informação fazem parte da comunicação para o desenvolvimento e são meios importantes e úteis para apoiar o desenvolvimento. No entanto, a sua aplicação ocorre numa fase posterior e o seu impacto é grandemente afetado pelo trabalho de comunicação realizado na fase de investigação. Os gestores de projectos devem ter cuidado com as soluções de tamanho único | | que parecem resolver todos os problemas através da utilização de produtos mediáticos. A experiência passada indica que, a menos que tais instrumentos sejam utilizados em ligação com outras abordagens e com base numa investigação adequada, raramente produzem os resultados pretendidos. 10. *As abordagens participativas e as abordagens de comunicação participativa não são a mesma coisa e não devem ser utilizadas indistintamente, mas podem ser utilizadas em conjunto, uma vez que as suas funções são muitas vezes complementares, especialmente durante a fase de investigação.* Mesmo que existam algumas semelhanças entre os dois tipos de abordagens, as abordagens participativas mais conhecidas, tais como a avaliação rural participativa (PRA) ou a investigação de ação participativa (PAR), não avaliam normalmente a gama e o nível das percepções e atitudes das pessoas sobre questões chave, identificam pontos de entrada de comunicação e mapeiam os sistemas de informação e comunicação que podem ser usados mais tarde para conceber e implementar a estratégia de comunicação. Em vez disso, todas estas são actividades-chave realizadas numa avaliação participativa da comunicação.

Relevância da comunicação para o desenvolvimento na Índia

A comunicação para o desenvolvimento é uma caraterística essencial para a situação indiana, uma vez que ainda somos uma nação em desenvolvimento com uma grande população, que só se segue à da China. É importante notar que possuímos, de facto, uma enorme quantidade de recursos de todos os tipos, incluindo recursos humanos e naturais. Mas ainda não atingimos o tipo de desenvolvimento universal de massas que deveria ter sido o ideal, dada a situação do país.

Imediatamente após a independência, em 1947, enfrentámos o desafio de conseguir uma distribuição equitativa e regionalmente equilibrada da riqueza e do desenvolvimento dos locais distantes do país com recursos limitados. Mas, embora os esforços das autoridades governamentais sejam cada vez maiores, a população também está a crescer a um ritmo explosivo ao longo dos anos, causando assim um efeito negativo em todas as iniciativas de desenvolvimento. É importante notar que a Índia também possui a maior reserva de mão de obra formada em ciência e tecnologia, embora o nosso nível de vida ainda mereça muito trabalho. É por isso que a comunicação para o desenvolvimento continua a ser altamente relevante para a situação indiana e a sua importância está a aumentar a cada ano que passa devido à mudança de cenário. É do conhecimento geral que os mais de dois séculos de domínio colonial do país nos deixaram com um nível de progresso muito baixo, juntamente com uma taxa de exploração extremamente elevada, o que é normal em tais circunstâncias. Esta situação deixou o aparelho de Estado do país, após a independência, com vários desafios importantes e vitais. Entre estes, incluem-se: um nível muito baixo de literacia, a falta de uma base industrial e de infra-estruturas adequadas, etc., entre outros.

A base de assinantes de telecomunicações aumenta substancialmente

1. A Índia é atualmente o segundo maior mercado de telecomunicações e tem o terceiro maior número de utilizadores de Internet do mundo
2. A base de assinantes telefónicos da Índia expandiu-se a uma taxa de crescimento anual (CAGR) de 19,96%, atingindo 1058,86 milhões durante o AF07-16
3. Em março de 2016, o total de assinaturas telefónicas ascendia a 1 058,86 milhões, enquanto a teledensidade era de 83,36%

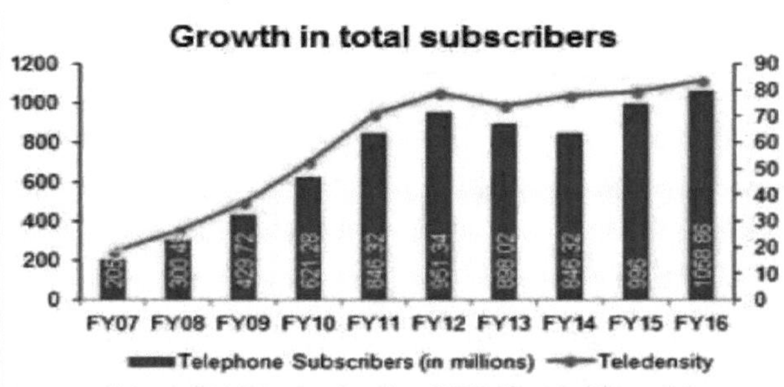

Fontes: ibef.org

A Índia é atualmente o segundo maior mercado de telecomunicações do mundo e registou um forte crescimento na última década e meia. A economia móvel indiana está a crescer rapidamente e contribuirá substancialmente para o Produto Interno Bruto (PIB) da Índia, de acordo com o relatório elaborado pela Associação GSM (GSMA) em colaboração com o Boston Consulting Group (BCG).

As políticas liberais e reformistas do Governo da Índia têm sido fundamentais, juntamente com a forte procura dos consumidores, para o rápido crescimento do sector das telecomunicações indiano. O Governo permitiu um acesso fácil ao mercado do equipamento de telecomunicações e um quadro regulamentar justo e pró-ativo que assegurou a disponibilidade de serviços de telecomunicações ao consumidor a preços acessíveis. A desregulamentação das normas relativas ao Investimento Direto Estrangeiro (IDE) tornou o sector um dos de mais rápido crescimento e um dos cinco principais geradores de oportunidades de emprego no país.

O sector das telecomunicações indiano deverá gerar quatro milhões de empregos diretos e indirectos nos próximos cinco anos, de acordo com estimativas da Randstad India. Prevê-se que as oportunidades de emprego sejam criadas devido à combinação dos esforços dos governos para aumentar a penetração nas zonas rurais com o rápido aumento das vendas de smartphones e a crescente utilização da Internet. A International Data Corporation (IDC) prevê que a Índia ultrapasse os EUA como o segundo maior mercado de smartphones a nível mundial até 2017 e mantenha uma elevada taxa de crescimento nos próximos anos, à medida que as pessoas mudam para smartphones e actualizam gradualmente para 4G.

Dimensão do mercado

Impulsionadas pela forte adoção do consumo de dados em dispositivos portáteis, as receitas totais do mercado de serviços móveis na Índia deverão atingir 37 mil milhões de dólares em 2017, registando uma taxa de crescimento anual composta (CAGR) de 5,2 por cento entre 2014 e 2017, de acordo com a empresa de investigação IDC.

De acordo com um relatório da empresa de investigação Market Research Store, o mercado indiano de serviços de telecomunicações deverá registar um crescimento anual de 10,3 por cento, atingindo 103,9 mil milhões de dólares em 2020.

De acordo com o Ericsson Mobility Report India, as subscrições de smartphones na Índia deverão quadruplicar para 810 milhões de utilizadores até 2021, enquanto o tráfego total de smartphones deverá aumentar dezassete vezes para 4,2 Exabytes (EB) por mês até 2021.

De acordo com um estudo da GSMA, espera-se que os smartphones representem duas em cada três ligações móveis a nível mundial até 2020, tornando a Índia o quarto maior mercado de smartphones. Prevê-se que a Índia lidere o crescimento da adoção de smartphones a nível mundial, com um acréscimo líquido estimado de 350 milhões até 2020.## O número total de remessas de smartphones na Índia situou-se em 25,8 milhões de unidades no trimestre que terminou em dezembro de 2016, e as remessas de smartphones durante 2016 situaram-se em 109,1 milhões de unidades, um aumento de 5,2 por cento em relação ao ano anterior. Prevê-se que a base de utilizadores de serviços de banda larga na Índia aumente para 250 milhões de ligações até 2017.

Investimento

Com o aumento diário da base de assinantes, tem havido muitos investimentos e desenvolvimentos no sector. A indústria atraiu IDE no valor de 23,92 mil milhões de dólares durante o período de abril de 2000 a dezembro de 2016, de acordo com os dados divulgados pelo Departamento de Política e Promoção Industrial (DIPP).

Alguns dos principais desenvolvimentos registados no passado recente são:

1. A Bharti Airtel vai comprar as operações da Telenor na Índia em sete círculos para receber 43,5 megahertz (MHz) de espetro na banda de 1800 MHz.

2. A Apple planeia produzir o iPhone SE numa futura fábrica em Bengaluru, propriedade do seu parceiro Wistron.

3. A Ortel Communications, o maior operador multi-sistemas de Odisha, planeia investir cerca de 300 milhões de rupias (45 milhões de dólares) nos próximos dois anos, para melhorar as suas infra-estruturas e reforçar o seu alcance, eficiência e competitividade no mercado.

4. A Reliance Communications Limited (RCom) assinou um acordo vinculativo com a Brookfield Infrastructure Partners para vender uma participação de 51% na Reliance Infratel, a unidade de torres da RCom, por 11 000 milhões de rupias (1,65 mil milhões de dólares).

5. O gigante do capital privado KKR & Co LP e o gigante das pensões Canada Pension Plan Investment Board (CPPIB) estão em conversações para adquirir uma participação significativa na Bharti Infratel, que deverá rondar os 4 mil milhões de dólares.

1. Os fabricantes chineses de smartphones, Oppo e Vivo, planearam investir na criação de uma capacidade de produção em grande escala no estado de Uttar Pradesh, na Índia, com um investimento total de 4 000 milhões de rupias (600 milhões de dólares).

7. A Samsung Índia expandiu a sua rede de serviços para mais de 6.000 talukas em 29 estados e sete territórios da união na Índia, introduzindo mais de 535 carrinhas de serviço equipadas com engenheiros, componentes chave, grupos geradores a diesel (DG) e equipamento chave, para fornecer uma resposta rápida e resolução no local.

8. A LeEco, uma empresa tecnológica chinesa, estabeleceu uma parceria com a Compal Technologies e investiu 7 milhões de dólares para criar instalações de fabrico em Greater Noida, a fim de começar a fabricar smartphones Le2 na Índia.

9. O fabricante chinês de equipamentos de telecomunicações Huawei criou o seu maior centro de serviços globais (GSC) em Bengaluru, na Índia, com um investimento inicial de 136 milhões de rupias (20,4 milhões de dólares), que alargará o seu apoio aos clientes nacionais e internacionais da Huawei em cerca de 30 mercados na Ásia, Médio Oriente e África.

10. O fabricante chinês de smartphones Gionee, que atualmente monta smartphones em parcerias com os fabricantes contratados Foxconn e Dixon, planeia investir 500 milhões de rupias (75 milhões de dólares) para criar uma fábrica na Índia.

11. A Singapore Telecommunications Limited (Singtel), o principal acionista da Bharti Airtel, anunciou que assinou um acordo com o seu proprietário maioritário, Temasek Holdings Private Limited, para adquirir uma participação de 7,39% na Bharti Telecom

Limited, a empresa-mãe da Bharti Airtel Limited, num negócio no valor de 659,51 milhões de dólares.

12. A Axiata Digital, uma filial da maior empresa de telecomunicações da Malásia, o Axiata Group Berhad, entrou no mercado indiano do comércio eletrónico ao investir 100 milhões de rupias (15 milhões de dólares) na StoreKing, sediada em Bengaluru.

13. O fabricante chinês de smartphones OnePlus estabeleceu uma parceria com a Foxconn para começar a fabricar os seus produtos na Índia, como parte do seu plano de ter 90 por cento dos dispositivos vendidos na Índia a serem fabricados localmente até ao final de 2017.

14. O Governo da Índia deverá obter um ganho inesperado com a venda do espetro em 2016-17 e atingir o seu objetivo de défice orçamental de 3,5% do PIB para o ano.

15. A Vodacom SA, uma filial da Vodafone Plc, celebrou um acordo com a Tata Communications Ltd para adquirir os activos de telefonia fixa da Neotel Pty Ltd, a filial sul-africana da TataComm.

16. A Reliance Communications Ltd, o quarto maior fornecedor de serviços móveis da Índia, concordou em adquirir a Sistema Shyam TeleServices Ltd (SSTL), a unidade local da empresa russa Sistema JSFC, num negócio avaliado em 4 500 milhões de rupias (675 milhões de dólares), que inclui pagamentos ao governo pelo espetro atribuído à Sistema.

17. A American Tower Corporation, uma empresa de infra-estruturas móveis cotada na Bolsa de Nova Iorque, adquiriu 51% das acções da empresa de torres de telecomunicações Viom Networks num negócio no valor de 7 635 milhões de rupias (1,14 mil milhões de dólares).

18. A Ericsson, fabricante sueco de equipamentos de telecomunicações, anunciou a introdução de um novo sistema de rádio no mercado indiano, que fornecerá a infraestrutura necessária para que as empresas móveis possam fornecer serviços de quinta geração (5G) no futuro.

Iniciativas governamentais

O governo acelerou as reformas no sector das telecomunicações e continua a ser pró-ativo na criação de espaço para o crescimento das empresas de telecomunicações. Algumas das outras iniciativas importantes adoptadas pelo Governo são as seguintes

1. O Governo da Índia atribuiu Rs 10 000 crore (1,5 mil milhões de dólares) para a implantação de uma rede de banda larga baseada em fibra ótica em 150 000 gram panchayats (GP) cumulativos e Rs 3 000 crore (450 milhões de dólares) para a instalação de cabos de fibra ótica (OFC) e a aquisição de equipamento para o projeto Network For Spectrum (NFS) em 2017-18.

2. O Ministério das Comunicações e das Tecnologias da Informação lançou o Twitter Sewa, uma plataforma de comunicações em linha para o registo e a resolução de queixas dos utilizadores nos sectores das telecomunicações e dos correios.

3. A TRAI publicou um documento de consulta com o objetivo de oferecer aos consumidores serviços de Internet gratuitos no âmbito da neutralidade da rede e propôs três modelos para o fornecimento gratuito de dados aos clientes sem violar a regulamentação.

4. O Governo da Índia liberalizou as condições de pagamento dos leilões de espetro, permitindo duas opções de pagamento às empresas de telecomunicações pela aquisição do direito de utilização do espetro, que incluem o pagamento adiantado e o pagamento em prestações.

5. O Departamento de Telecomunicações (DoT) alterou a licença unificada para as operações de telecomunicações, o que permitirá a partilha de infra-estruturas de telecomunicações activas como antenas, cabos de alimentação e sistemas de transmissão entre operadores, reduzindo assim os custos das operações e conduzindo a uma implantação mais rápida das redes.

6. A TRAI recomendou um modelo de parceria público-privada (PPP) para a BharatNet, o ambicioso projeto do governo central de criação de uma rede de banda larga nas zonas rurais da Índia, e previu igualmente que os governos central e estatal se tornassem os principais clientes deste projeto.

7. O Ministério do Desenvolvimento de Competências e do Empreendedorismo (MSDE) assinou um Memorando de Entendimento (MoU) com o DoT para desenvolver e implementar o Plano de Ação Nacional para o Desenvolvimento de Competências no Setor das Telecomunicações, com o objetivo de satisfazer as necessidades de mão de obra qualificada e proporcionar oportunidades de emprego e de empreendedorismo no sector.

8. A TRAI deu instruções às empresas de telecomunicações ou aos operadores móveis no sentido de compensarem os consumidores em caso de queda de chamadas, com o objetivo de reduzir o número crescente de quedas de chamadas.

Caminho a seguir

A Índia emergirá como um dos principais actores no mundo virtual, com 700 milhões de utilizadores da Internet dos 4,7 mil milhões de utilizadores globais até 2025, de acordo com um relatório da Microsoft. Com as políticas de regulamentação favoráveis do Governo e os serviços 4G a chegarem ao mercado, espera-se que o sector das telecomunicações indiano registe um rápido crescimento nos próximos anos. O Governo da Índia também planeia leiloar o espetro 5G em bandas como os 3 300 MHz e os 3 400 MHz para promover iniciativas como a Internet das Coisas (IoT), as comunicações máquina-a-máquina, a transferência instantânea de vídeo de alta definição, bem como a sua iniciativa Cidades Inteligentes.Taxa de câmbio utilizada: INR 1 = US$ 0,015 em 9 de fevereiro de 2017Referências: Relatórios dos media e comunicados de imprensa, Autoridade dos Operadores Celulares da Índia (COAI), Autoridade Reguladora das Telecomunicações da Índia (TRAI), Departamento de Telecomunicações (DoT), Departamento de Política e Promoção Industrial (DIPP)Notas:! - Relatório da GSMA "The Mobile Economy: India 2015', @ - Relatório de mobilidade da Ericsson de novembro de 2015, # - Relatório da Ericson= India 2020', -^ - De acordo com um relatório da International Data Corporation (IDC), &- De acordo com um relatório da Assocham-KPMG, ## - Relatório da GSMA= GSMA Intelligence Consumer Survey 2016'

Referências

1. "A participação do setor de telecomunicações no PIB aumentou marginalmente para 1,94% no FY15 - Últimas notícias e atualizações no Daily News & Analysis". 23 de dezembro de 2015.

2. "Destaques dos dados de assinatura de telecomunicações em 31 de maio de 2017" (PDF). Autoridade reguladora de telecomunicações da Índia. Recuperado em 22 de julho de 2017.

3. "Utilizadores da Internet na Índia". Recuperado em 7 de abril de 2016.

4. Lista de países por número de utilizadores da Internet

5. "MIB retira seis licenças de canais de TV em junho; total de cancelamentos em 195 | TelevisionPost.com". www.televisionpost.com.

6. "Rádio FM: empresas traçam plano de expansão". Menta. 23 de março de 2016. Recuperado em 31 de dezembro de 2016.

7. http://www.trai.gov.in/WriteReadData/PIRReport/Documents/Indicator_Report_05_August_ 2016.pdf

8. "Destaques dos dados de assinatura de telecomunicações em 31 de maio de 2012" (PDF). TRAI. 4 de julho de 2012.

9. Dharmakumar, Rohin (19 de outubro de 2011). "Índia Telcos: Batalha dos Titãs". Forbes. Recuperado em 19 de agosto de 2011.

10. Kannan, Shilpa (7 de abril de 2010). "Os licitantes de licenças 3G da Índia apostam em grandes mudanças". BBC News.

11. Telecom Índia, ImaginMor

12. "Utilização da Internet na Ásia". Unidade Internacional de Telecomunicações: Utilizadores asiáticos da Internet. UIT. Recuperado em 10 de janeiro de 2011.

13. Agências. "A base de assinantes da Internet na Índia pode atingir 150 milhões: Relatório". The Financial Express.

14. Raju Thomas G. C. Stanley Wolpert, ed. Encyclopedia of India (vol. 3). Thomson Gale. pp. 105-107. ISBN 0-684-31352-9.

15. "Setor de telecomunicações deve contribuir com Rs 1,45 lakh crore para o fundo público até 2020 - ET Telecom". ETTelecom.com. Recuperado em 22 de julho de 2017.

16. "Departamento de Obras Públicas". Pwd.delhigovt.nic.in. Recuperado em 1 de setembro de 2010.

17. Vatsal Goyal, Premraj Suman. "A indústria indiana de telecomunicações" (PDF). IIM Calcutá.

18. "História dos telefones de Calcutá". Bharat Sanchar Nigam Limited. Recuperado em 21 de junho de 2012.

19. "VSNL inicia hoje o primeiro serviço de Internet da Índia". Dxm.org. 14 de agosto de 1995. Recuperado em 15 de agosto de 2012.

20. Schwartzberg, Joseph E. (2008), Índia, Encyclopædia Britannica

21. Dash, Kishore. "Veto Players and the Deregulation of State-Owned Enterprises: O caso das telecomunicações na Índia" (PDF). Recuperado em 26 de junho de 2008.

22. Vanita Kohli (14 de junho de 2006). The Indian Media Business. SAGE. pp. 189-. ISBN 978-0-76193469-1. Recuperado em 19 de junho de 2012.

23. Marcus F. Franda (2002). China and India Online: Information Technology Politics and Diplomacy in the World's Two Largest Nations. Rowman & Littlefield. pp. 137-. ISBN 978-07425-1946-6. Recuperado em 19 de junho de 2012.

24. J.G. Valan Arasu (1 de abril de 2008). Globalização e desenvolvimento de infra-estruturas na Índia. Atlantic Publishers & Dist. pp. 105-. ISBN 978-81-269-0973-5. Recuperado em 19 de junho de 2012.

25. Rafiq Dossani (1 de julho de 2002). Telecommunications Reform in India (Reforma das telecomunicações na Índia). Greenwood Publishing Group. pp. 106-. ISBN 978-1-56720-502-2. Recuperado em 19 de junho de 2012.

26. "TDSAT - perfil". Arquivado do original em 8 de maio de 2012. Recuperado em 20 de maio de 2013.

27. "Lei TRAI" (PDF). Recuperado em 20 de maio de 2013.

28. "Departamento de Telecomunicações do Ministério das Comunicações e TI".

29. "Projeto de documento de informação sobre o acesso telefónico à Internet" (PDF). Recuperado em 1 de setembro de 2010.

30. "Os jogadores GSM e CDMA mantêm o ritmo de crescimento de assinantes - Telecom - Notícias por indústria - Notícias - The Economic Times". Economictimes.indiatimes.com. 18 de março de 2009. Recuperado em 22 de julho de 2010.

31. "TTC DOT proíbe o uso de chinês", The Hindu! Notícias

32. "Kolkata liga a Índia à era 4G". The Times of India. 11 de abril de 2012.

33. "4G lançado em Kolkota". The Times of India. Times of India. Recuperado em 18 de junho de 2012.

34. "A morte das DST". The Indian Express. 12 de outubro de 2006. Recuperado em 1 de setembro de 2010.

35. "É provável que a banda larga seja gratuita e que as linhas fixas sejam isentas de aluguer: Maran". Rediff.com. 31 de dezembro de 2004. Recuperado em 1 de setembro de 2010.

36. "Multa por queda de chamadas: Telcos alertam para o aumento da tarifa - Times of India". O Times da Índia. Recuperado em 2016-01-16.

37. "Portabilidade do número de telemóvel: Mudar de operador de telemóvel!". oneindia.in. 20 de janeiro de 2011.

38. "Um guia prático para bandas de frequência usadas para telecomunicações na Índia". Telecomtalk.info. 22 de março de 2015. Recuperado em 4 de setembro de 2016.

39. "Comunicado de imprensa sobre" Dados de assinatura de telecomunicações em 30 de setembro de 2014 "" (PDF). Autoridade reguladora de telecomunicações da Índia. Recuperado em 30 de setembro

de 2014.

40. "O metro de Chennai fundiu-se com Tamilnadu". Departamento de Telecomunicações, Índia. pp. Nota de rodapé 7. Recuperado em 19 de junho de 2012.

41. "Formulário 20-F da SEC (2009)". Recuperado em 30 de setembro de 2015.

42. Sursh K. Chouhan, T. A. V. Murthy. "Divisão digital e Índia" (PDF). Shodhganga@INFLIBNET Centre. p. 384. Recuperado em 20 de junho de 2012.

43. "Situação da banda larga na Índia" (PDF). TRAI. p. 21. Recuperado em 20 de junho de 2012.

44. "A Índia deve superar os EUA como o segundo maior mercado de Internet". NDTV Gadgets.

45. "A Índia terá 243 milhões de usuários de Internet até junho de 2014: relatório". NDTV.com.

46. Miglani, Chhavi (17 de agosto de 2013). "Reliance adiciona número máximo de assinantes em maio de 2013; BSNL é o principal ISP: TRAI". Telecomtalk.info. Recuperado em 19 de agosto de 2013.

47. "Velocidades de banda larga em todo o mundo". BBC News. 2 de dezembro de 2007. Recuperado em 2 de dezembro de 2007.

48. "Índia procura acesso à autoestrada de banda larga". Bloomberg BusinessWeek. Recuperado em 17 de novembro de 2011.

49. "Portal de banda larga da OCDE". oecd.org.

50. "A Índia ocupa o 115º lugar em termos de velocidade de ligação à rede" (doc). Rediff.com. Recuperado em 1 de abril de 2009.

51. "Isso é de onde e como vem a Internet na Índia?", Fonte Digit, 12 de maio de 2014. Recuperado em 4 de junho de 2015.

52. "Neutralidade da rede: aqui está tudo o que você precisa saber sobre isso". The Indian Express. 10 de fevereiro de 2014. Recuperado em 29 de setembro de 2014.

53. Singh, Saurabh (8 de abril de 2015). "Os políticos criticam a posição da TRAI sobre a neutralidade da rede". Índia hoje. Recuperado em 12 de abril de 2015.

54. Gandhi, Rajat (8 de abril de 2015). "Neutralidade da rede: Por que a Internet corre o risco de ser algemada". The Economic Times. Recuperado em 12 de abril de 2015.

55. "Indianos se reúnem pela liberdade da Internet, enviam mais de 1 lakh e-mails para TRAI para neutralidade da rede". IBNLive. 13 de abril de 2015. Recuperado em 13 de abril de 2015.

56. Roy, Prasanto (18 de abril de 2015). "A luta da Índia pela neutralidade da rede". Índia: BBC. Recuperado em 18 de abril de 2015.

57. "Mais de 3 lakh e-mails enviados para Trai em apoio à NetNeutrality, até agora". FirstPort. 14 de abril de 2015. Recuperado em 14 de abril de 2015.

58. Kaminsky, Arnold P.; Long, Roger D. (30 de setembro de 2011). Índia Hoje: Uma Enciclopédia da Vida na República: Uma Enciclopédia da Vida na República. ABC-CLIO. pp. 684-692. ISBN 978-0-313-37462-3. Recuperado em 12 de setembro de 2012.

59. "Panorama da Índia" (PDF). Pesquisa de mídia da TAM.

60. "Inquérito aos leitores indianos 2012 Q1: Conclusões gerais" (PDF). Conselho de Utilizadores de Investigação dos Media. Crescimento: Alfabetização e consumo de mídia. Recuperado em 12 de setembro de 2012.

61. "Documento de consulta sobre o licenciamento NGN" (PDF). TRAI.
62. "Definição de NGN". UIT.
63. Payai Malik. "Telecom Regulatory and Policy Environment in India: Results and Analysis of the 2008 TRE Survey" (PDF). LIRNEasia.
64. "O Ministério do Interior se opõe à política de segurança de telecomunicações proposta", The Times of India (PTI), 15 de setembro de 2013. Recuperado em 15 de setembro de 2013.
65. Comunicado de imprensa n.º. 60/2006 emitido em 28 de junho de 2006 pela TRAI
66. "2012 é o ano para a Internet da Índia?". BBC News. 3 de janeiro de 2012.
67. "HinduNet". Hinduonnet.com. Recuperado em 1 de setembro de 2010.
68. "TRAI releases Quarterly Performance Indicators of Telecom Services for the quarter ending December, 2005", Comunicado de imprensa n.º 35/2006, Telecom Regulatory Authority of India, 10 de abril de 2006
69. Contribuição de Sanjay Banka, FCA em "Telecommunication Setor in India - An Analysis", N. Swapna, Actas da Conferência Nacional Multi MPGI "Advancement in Electronics & Telecommunication Engineering 7-8 April 2012", International Journal of Computer Applications (IJCA), página 25
70. REFERÊNCIAS PARA O CAPÍTULO 6 DESENVOLVIMENTO DA COMUNICAÇÃO NA ÍNDIA
71. Althuser, L. (1971). -Ideology and Ideological State Apparatus^ , Lenin and Philolsophy and Other Essays. Londres: W.Left Books. Beltrán,
72. Luis Ramiro. (1989). -Alternative Systems Y, International Encyclopedia of Communication. New York: Oxford University Press, Vol. 2.
73. Beltrán, Luis Ramiro. (1993). Cultural Expression in the Global Village, (ed). David Nostbakken e Charles Morrow
74. Penang: Southbound Publishers, pp. 9-31. DeFleur, Melvin e Rokeach, Sandra.
75. (1994), Mass Communication Theory. Londres: Sage Publications.
76. Gerbner, George. (1977). Mass Media Policies in Changing Cultures [Políticas dos Meios de Comunicação Social em Culturas em Mudança]. New York: John Wiley and Sons, pp. 131-133.
77. Golding. Peter. (1996). -World Wide Wedge: Desenvolvimento e Contradição na Infraestrutura Global de Informação Y,
78. Revista Mensal. Vol. 58, No. 3, julho-agosto. Habib, Jacques. (1993), Cultural Expression in the Global Village. (ed.).
79. David Nostbakken e Charles Morrow. Penang: Southbound Publishers. Hartmann,
80. Paul; Patil, B.R.; e Dighe, Amita. (1989). The Mass Media and Village Life, Nova Deli: Sage Publications.
81. Hoare, Quintin e Smith, Geoffrey (eds.). (1996), Selections from the Prison Notebook of Gramsci. Madras: Orient Longman Ltd.
82. Hornik, Robert, C. (1989). -Projectos Y, International

83. Encyclopedia of Communication. Nova Iorque: Oxford University Press.

84. Jamison, Dean, T., Mcauany, Emile, G. (1978). Radio for Education and Development. Londres: Sage Publishers. Kennedy, Paul. (1993). Cultural Expression in the Global Village. (ed.).

85. DavidNostbakken e Charles Morrow. Penang: Southbound Publishers. Mcquail, Dennis. (1994).

86. Mass Communication Theory. Londres: Sage Publications. Mcquail,

87. Dennis; Windahl, Sven. (1989). Communcation Models. New York:

88. Longman. Melkote, Srinivas. (1991). Communication for Development in the Third World, Nova Deli: Sage Publications, pp. 90-92, 172-173, 225-227, 270-271.

89. Ramos, Hernandez e Schramm, Wilbur. (1989). -História e Teorias У, International Encyclopedia of Communication. New York: Oxford Univesity Press, Vol. 2.

90. Roncagliolo, Rafael. (1993). A expressão cultural na aldeia global. (ed.).

91. David Nostbakken e Charles Morrow. Penang: Southbound Publishers.

92. Rosengren, K. E. (1981). -Mass Media and Social Changes, Some Current Approachesy, em E. Kaltz e T. Szesko (eds.).

93. Mass Media and Social Change. Londres: Sage Publishers.

94. Schramm, Wilbur. (1964). Mass Communication and National Development. Califórnia: Stanford University Press.

95. Servaes, Jan. (1996). -Participatory Communication Research with Social Movementsy, em Participatory Communication for Social Change. (ed.). 31

96. Servaes, J. Jacobson, T. e White, S. Londres: Sage Publications. Strasser, Steven. (1994).

97. Pode ligar-nos? Newsweek. Nova Iorque: 6 de junho, pp. 20-23. Tehranian, Majid. (1996).

98. Communication, Participation and Development, in Participatory Communication for Social Change. (ed.). Servaes, J. Jacobson, T. e White, S. Londres: Sage Publications

99. Referências para o capítulo 1 Pré-história Kit do professor para utilizar a pré-história nos estudos locais

98. Visita a um sítio pré-histórico

99. Visite www.english-heritage.org.uk para se informar sobre os sítios pré-históricos que pode visitar gratuitamente. Nalguns sítios, oferecemos visitas de descoberta. Para mais informações, visite:

100. www.english-heritage.org.uk/discoveryvisits Temos recursos disponíveis para apoiar uma visita a Stonehenge:

101. www.english-heritage.org.uk/server/show/nav. 10599

102. Kit do novo professor

103. O Kit do Professor dos Monumentos de Avebury foi

104. produzido por Wessex Archaeology em nome de

105. English Heritage, e com o apoio do

106. Organização do Património Mundial. Está disponível em linha

107. em: www.english-heritage.org.uk/learning

108. Ligações de aprendizagem em linha

109. Estas ligações contêm mais ideias e recursos sobre

110. arqueologia e património na pré-história.
111. www.creswell-crags.org.uk/virtuallytheiceage/
112. O sítio Web de Creswell Crags tem algumas
113. informações sobre a vida no período paleolítico.
114. www.qca.org.uk/history/innovating/pdf/adapted_
115. prehistory_nov06.pdf
116. Unidade de história adaptada: Como é que os sítios do património informam
117. sobre a nossa área local nos tempos pré-históricos?
118. www.wessexarch.co.uk/
119. Tem relatórios sobre escavações, recursos para
120. crianças e fotografias
121. © Património inglês 2008
122. Código do produto: 39090
123. AUTOR Pippa Smith
124. EDITOR Sue Barraclough
125. DESIGN Robin King
126. Imprimir velocidade
127. Os direitos de autor foram objeto de todos os esforços
128. para obter a autorização de reprodução
129. material protegido por direitos de autor
130. Referências para o Capítulo 2 Comunicação Não Verbal
131. Um passeio virtual que revela a vida social dos primeiros seres humanos nas Américas,
132. incluindo a tecelagem e o fabrico de ferramentas, podem ser frequentados em
133. http://pecosrio.com/. As descobertas dramáticas no desfiladeiro de Olduvai fizeram
134. pela família Leakey que revolucionou o conhecimento sobre o ser humano
135. A pré-história e o debate contínuo sobre as origens humanas podem ser
136. visualizado em http://www.talkorigins.org/. Um documentário interativo
137. A experiência У no domínio do desenvolvimento humano é apresentada em http://
138. www.becominghuman.org. Inquéritos sobre o debate sobre as origens
139. dos seres humanos pode ser encontrada em http://www.talkorigins.org/.
140. Um ficheiro Quick-Time permite ao observador manipular imagens de
141. 7135M01_C01.qxp 11/6/09 3:12 PM Page 26
142. Capítulo 1 · A Revolução Neolítica e o Nascimento da Civilização 27
143. crânios de hominídeos, fornecendo informações sobre cada vista
144. (http://anthropology.si. edu/humanorigins/ha/qt/qtvr.html).
145. O Smithsonian Institution desenvolveu uma
146. sítio que examina as origens humanas (http://anthropology.si.edu/
147. humanorigins/index.htm) que inclui a árvore filogenética humana,
148. um gráfico revelador que descreve as relações evolutivas,
149. que se situa numa escala temporal de desenvolvimento humano. Ver
150. http://anthropology.si.edu/humanorigins/ha/a_tree.html. Como
151. tecnologia de cozedura (incluindo fornos de terra ou lareiras) avançada
152. e a dieta mudou entre os primeiros humanos após o desaparecimento dos
153. o mamute-lanudo é discutido em vários sítios relacionados, incluindo
154. http://anthropology.tamu.edu/faculty/diretory.php?ID=230&
155. LOC=2 (clique no primeiro PDF listado), http://www.channel4.com/

156. history/microsites/T/timeteam/snapshot_cooking.html, http://
157. www.latimes.com/news/science/la-sci-earlyfoods27-2008dec27,
158. 0,6385869.story, e http://sci.tech-archive.net/Archive/sci
159. .archaeology/2008-12/msg00319.html. O forno terrestre semelhante a
160. que era utilizada pelos primeiros seres humanos continua a ser utilizada atualmente em todo o mundo
161. (ver http://en.wikipedia.org/wiki/Earth_oven), incluindo em
162. Hawai'i, onde é conhecido como um Umu (ver http://www
163. .hawaiiforvisitors.com/about/imu.htm).
164. Um passeio virtual por uma exposição sobre a pré-história humana em http://users.hol.gr/~dilos/prehis/prerm5.htm inclui também uma discussão sobre os pontos de vista de Darwin e outros sobre a evolução humana, uma galeria de arte e artefactos e uma reconstrução artística de Çatal Hüyük. O debate sobre as origens dos seres humanos pode ser consultado em http://www.talkorigins.org/.
Um ficheiro Quick-Time permite ao observador manipular imagens de crânios de hominídeos primitivos, fornecendo informações em cada visualização (http://anthropology.si.edu/humanorigins/ha/qt/qtvr.html). Vistas de Chauvet, um sítio rico em pinturas rupestres, podem ser encontradas em http://www.culture.gouv
165. .fr/culture/arcnat/chauvet/en/. Os diários dos arqueólogos que trabalham
166. em Çatal Hüyük, fotografias recentes do local e mais
167. ligações estão entre as muitas caraterísticas do sítio Web oficial do Çatal Hüyük
168. página em http://www.catalhoyuk.com/. Vida quotidiana no sítio neolítico
169. em Skara Brae, nas Ilhas Orkney, na Escócia, é explorada em
170. http://www.orkneyjar.com/history/skarabrae/skarab2.htm.
171. 7135M01_C01.qxp 11/6/09 3:12 PM Page 27
172. REFERÊNCIAS PARA O CAPÍTULO 3 COMUNICAÇÃO - PASSADO, PRESENTE E FUTURO
173. Para quaisquer comentários, questões ou feedback sobre este documento, contactar Donald Moore em mooredlm@gmail.com
174. REFERÊNCIAS PARA O CAPÍTULO 4 HÁPTICA
175. Nota: A maioria dos artigos listados abaixo são os nossos artigos de revisão anteriores, que, por sua vez, têm referências a trabalhos nossos e de outros para um estudo mais profundo da háptica. Muitos destes documentos estão disponíveis em formato pdf descarregável em http://touchlab.mit.edu
176. Salisbury, J K e Srinivasan, M A, Secções sobre Haptics, In Virtual Environment
177. Technology for Training, Relatório BBN n.º 7661, preparado pelo Virtual Environment and Teleoperator Research Consortium (VETREC), MIT, 1992
178. Srinivasan M A, Secções sobre Perceção Haptica e Interfaces Hapticas, In Bishop G, et
179. Direcções de investigação em ambientes virtuais: Relatório de um convite da NSF
180. Workshop, Computação Gráfica, Vol. 26, No. 3, pp. 1992.
181. Srinivasan, M A, Interfaces Haptic, In Virtual Reality: Científica e Técnica

182. Desafios, Eds: N. I. Durlach e A. S. Mavor, Relatório do Comité sobre o Virtual
183. Realidade Investigação e Desenvolvimento, Conselho Nacional de Investigação, Academia Nacional
184. Press, 1995.
185. Srinivasan, M A e Basdogan, C, Haptics in Virtual Environments: Taxonomia,
186. Research Status, and Challenges, Computers and Graphics, Vol. 21, No. 4, 1997.
187. Salisbury, J K e Srinivasan, M A, Phantom-Based Haptic Interaction with Virtual
188. Objectos, IEEE Computer Graphics and Applications, Vol. 17, No. 5, 1997.
189. Srinivasan, M A, Basdogan, C, e Ho, C-H, Haptic Interactions in the Real and
190. Virtual Worlds, Design, Specification and Verification of Interactive Systems _99, Eds:
191. D. Duke e A. Puerta, Springer-Verlag Wien, 1999.
192. Referências para o Capítulo 4 Linguagem Corporal da Proxémica
193. http://members.aol.com/katydidit/bodylang.htm
194. Aitkin. L. M., C. W. Dunlop: Interação entre excitação e inibição em
195. o corpo geniculado medial do gato. 1. Neurophysiol. 31 (1968) 44-61
196. Boomer, D. S ... A. T. Dittmann: Pausas de hesitação e pausas de conjuntura
197. no discurso. Lang. Discurso 5 (1962) 215-220
198. Brady. P. T.: Uma técnica para investigar os padrões on-off do discurso.
199. Bell Syst. Tech. 1.44 (1965) 1-22
200. Brady, P. T.: Uma análise estatística dos padrões on-off em 16 conversas.
201. Bell Syst. Tech. 1. 47 (1968) 73-91
202. Briihler. E .. A. Overbeck: Die Erfassung der Interaktion in familientherapeutischen
203. Sessões através da análise automática de
204. Sprechverhaltens. Med. Psychol. 7 (1981) 79 - 94
205. Briihler. E .. A. Overbeck. D. Braun. H. Junker: Was kann die automatische
206. Análise da língua dos falantes de português (on-off)
207. padrão) do artista e do doente para a aplicação de psicoterapias
208. leisten? Z. Psychosom. Med. Psycho anal. 20 (1974) 148-163
210. Briihler. E ... H. Zenz: Análise aparente dos comportamentos de propagação na indústria automóvel.
211. Psicoterapia. Z. Psychosom. Med. Psychoanal. 20 (1974) 328- 336
213. Cassotta. L.. S. Feldstein. J. Jaffe: AVTA: Um dispositivo para o controlo automático de
214. análise das transacções vocais. 1. Anal. Behav. 7 (1964) 99-1 04
215. Chapple. E. DzAnálise quantitativa da interação dos indivíduos.
216. Prof. Nat. Acad. Sci. USA 25 (1939) 58-67
217. Chapple. E. D.: A Interação. Cronógrafo: sua evolução e atualidade
218. aplicação. Pessoal 25 (1948/49) 295-307
219. Chapple. E. D.: Movimento e som: A linguagem musical do corpo
220. ritmos na interação. In: Davis, Martha (ed.) Interação
221. Ritmos. Human Sciences Press, Nova Iorque (1982) 31- 52
222. Chapple. E. D . M. F. Chapple, L. A. Wood, A. Miklowitz, N S. Kline,
223. C. Saunders: Método de Interação-Cronógrafo para análise de
224. diferenças entre esquizofrénicos e controlos. Arch. Psiquiatria Geral
225. 3 (1960) 160- 167
226. Chapple. E. D .· G. Donald: Um método de avaliação do pessoal de supervisão.
227. Harv. Business Rev. 24 (1946) 197-214
228. Davis, M. (ed.): Interaction Rhytms. Human Sciences Press, New
229. York 1982
230. El/gring. J. H.: Kommunikatives Verhalten im Verlauf depressiver Erkrankungen.
231. In: Tack, W. H. (ed.) Bericht iiber den 30. Kongrel3
232. der DGfPs. Hogrefe, Giittingen (1976) 190-192
233. Feldstein. S. J., A. Welkowitz: A chronography of conversation: Em
234. defesa de uma abordagem objetiva. Em: Siegman, A. W., S. Feldstein
235. (eds.) Nonverbal Behavior and Communication. Lawrence Erlbaum,
236. Hillsdale (1987) 435 - 500
237. Goldman-Eisler, F.: A medição de sequências em conversação
238. comportamento. Br. 1. Psychol. 42 (1951) 355-362

Goldman-Eisler. F.: Psicolinguística. Experiências em psicolinguística espontânea discurso. Academic Press, Nova Iorque 1968

Gruber, J. G.: Uma comparação entre o discurso medido e calculado - temporal parâmetros relevantes para a deteção da atividade da fala. IEEE Trans. Commun. COM-30 (1982) 728-738

Hargreaves, W. A., J. A. Starkweather: Recolha de dados temporais com o Tabulador de Duração. 1. Exp. Anal. Behav. 2 (1959) 179-183

Hargreaves. W. A .. J. A. Starkweather, K. H. BlackerQualidade da voz em depressão. 1. Abnorm. Soc. Psychol. 70 (1965) 218-220

Hargrove, D. S., T. A. Martin: Desenvolvimento de um sistema de microcomputador para a análise de interações verbais. Behav. Res. Methods Instrum. 14 (1982) 236-239

Heidenfelder. K.: Objecktive Registrierung des Sprechverhaltens. Allgemeinpsychologische e sensibilidades diferenciadas do Logoport. Tese, Wiirzburg 1985

Herrmann, T.: Allgemeine Sprachpsychologie. Urban & Schwarzenberg, Miinchen) 985

Hormann, H.: EinfUhrung in die Psycholinguistik. Wissenschaftliche Buchgesellschaft, Wiesbaden 1981

Hormann, H.: Significado e contexto: Uma introdução à psicologia da linguagem. Plenum, Nova Iorque 1986

Jaekel. J.: Der Einflul3 ausgewahlter Psychopharmaka auf Kommunikationsabliiufe bei Rhesusaffen. In: Keupp, W. (ed.) Biologische Psiquiatria. Springer, Berlim (1986) 29-38

12 Pharmacopsychiat. 22 (1989)

Jafle, J ... C C Dahlberg, J. Luria, S. Breskin, J. Chorosh, E. Lrick: Ritmos de fala em monólogos de pacientes: A influência do LSD e dextroanfetamina. Biol. Psiquiatria 4 (1972) 243 -246

Jalfe, J., S. Feldstein: Rhythms of dialogue. Academic Press, New York 1970

Klos, T.: Sprechgeschwindigkeit und Sprechp . .lUsen von Depressiven. In: Hauntzinger, M., R, Straub (eds.) Psychologische Aspekte depressiver Estadias. Roderer, Regensburg 1984

Kohnen, R .. H.-P. Krilger: Efeitos das drogas no comportamento social humano: Alterações nas actividades de fala induzidas por um betabloqueador Pharmacopsychiatry 19 (1986) 186-187

Krilger, H.-P.: O que é Sprechen? Registo objetivo de mensagens de propaganda im Alltag mit dem Logoport. Em: Czogalik, D., W. Ehlers, R. Teufel (eds.) Perspektiven der Psychotherapieforschung. Hochschulverlag, Freiburg (1985) 349 - 361

Krilger, H.-P.: Caraterísticas não-verbais do comportamento verbal. Um estudo biológico abordagem da personalidade e da sintalidade. In: Actas do Conferência sobre as Tendências Actuais da Comunicação Não Verbal. Arkansas 1986a

Krilger, H.-P. :Territorialidade no comportamento da fala. In: Actas do 5ª Conferência Internacional sobre Etiologia Humana, Tutzing 1986b

Krilger, H.-P. :O Logoport - um novo dispositivo de medição para o estudo de comportamento verbal em campo aberto, In: Actas da 58ª. Reunião anual da Eastern Psychological Association, Arlington 1987

Kruger, H,-P., A. Rausche, M. Vollrath :Níveis temporais no comportamento da fala e a sua deteção. Em preparação, 1989

Krilger, H.-P., U. Rimkus: O Logoport. Um novo dispositivo para medir atividade discursiva. Em preparação. 1989

Lewin, K.: Feldtheorie in den Sozialwissenschaften. Huber, Berna 1951/1963

Liebermann, A. M.: Uma abordagem etológica da linguagem através da estudo da perceção da fala. In: Cranach, M.v., K. Foppa, W. Lepenies, D, Ploog (eds.) Human Ethology. Universidade de Cambridge Press, Cambridge (1979) 682 - 704

Linden, M., N. Hoflmann: Die Bedeutung sequentieller Beobachtung de verbalização para o diagnóstico e a terapia da depressão Verhaltens. In: Tack, W. H. (ed,) Bericht iiberden 30. Kongre13 der DGfP em Regensburg. Hogrefe, Gottingen 1977

Mahl, G. F: Distúrbios em silêncios na fala dos pacientes em psicoterapia. J. Abnorm. Soc. Psychol. 53 (1956) 1-15

Mahl, G. F, G. Schulze: Investigação psicológica no domínio extralinguístico área. In: Sebeock, T. A., A. S. Hayes, M. e. Bateson (eds.) Approaches à Semiótica. Mouton, Haia (1964) 51- 124

Matarazzo, J. D.: Um sistema de interação de fala. Em: Kiesler, D. J. (ed.) The process OfPsychotherapy. Aldine, Chicago (1973) 138- 146

Matarazzo, J. D., A. N. Wiens, R. G. Matarazzo, G. Saslow: Discurso e comportamento de silêncio em psicoterapia clínica e no seu laboratório correlatos. In: Shlien, J. M., H. F. Hunt, J. D. Matarazzo (eds.) Research em Psicoterapia. Associação Americana de Psicologia, Washington D.e. (1968) 347 -394

Matarazzo, J. D., A. N. Wiens, G. Saslow: Estudos sobre o discurso de entrevista comportamento. In: Krasner, L., L. P. Ullmann (eds.) Research in Behavior Modificação. Holt, Rinehart & Winston. Nova Iorque (1965) 179-212

Moses, P. J.: The Voice of Neurosis (A Voz da Neurose). Grune & Stratton, Nova Iorque 1954

Norwine, A. C, O. J. Murphy: Characteristic time intervals in telephonicconversation. Beil Syst. Tech. J. 17 (1938) 281-291

'Connell, D. C: Critical Essays on Language Use and Psychology. Springer, Nova Iorque 1988

O'Connell, D. C, S. Kowal: Pausologia: In: Sedelow, W., S. Sedelow (eds.) Computers in Language Research (Vol. 2). De Gruyter, Berlim (1983) 221-301

Ostwald, P. F: Os sons da perturbação emocional. Arch. Gen. Psychiatry 5 (1961) 587 - 592

Ostwald. P. F.: The Semiotics of Human Sound. Mouton, Haia1973

Poyatos. F: O sistema de comunicação do locutor-ator e da sua Cultura. Uma investigação preliminar. Linguistics 83 (1972) 64-86

335. REFERÊNCIAS PARA O CAPÍTULO 5 PETRÓGLIFOS

336. Para mais informações, visite www.PaArchaeology.state.pa.us.

337. www.PaArchaeology.state.pa.us.

338. Referências para o Capítulo 6 Desenvolvimento da comunicação na Índia

339. Althuser, L. (1971). Ideologia e Aparelho Ideológico de Estado У, Lenine e a Filolsofia e Outros Ensaios. Londres: W.Left Books. Beltrán,

340. Luis Ramiro. (1989). Sistemas alternativos У, Enciclopédia Internacional de Comunicação. Nova Iorque: Oxford University Press, Vol. 2. Beltrán, Luis Ramiro. (1993). Cultural Expression in the Global Village, (ed). David Nostbakken e Charles Morrow

341. Penang: Southbound Publishers, pp. 9-31. DeFleur, Melvin e Rokeach, Sandra.

342. (1994), Mass Communication Theory. Londres: Sage Publications. Gerbner, George. (1977). Mass Media Policies in Changing Cultures. New York: John Wiley and Sons, pp. 131-133. Golding. Peter. (1996).

Cunha Mundial: Desenvolvimento e Contradição na Infraestrutura Global de Informação У,

343. Revista Mensal. Vol. 58, No. 3, julho-agosto. Habib, Jacques. (1993), Cultural Expression in the Global Village. (ed.). David Nostbakken e Charles Morrow. Penang: Southbound Publishers. Hartmann,

344. Paul; Patil, B.R.; e Dighe, Amita. (1989). The Mass Media and Village Life, Nova Deli: Sage Publications. Hoare, Quintin e Smith, Geoffrey (eds.). (1996), Selections from the Prison Notebook of Gramsci. Madras: Orient Longman Ltd. Hornik, Robert, C. (1989). -Projectos У, International

345. Encyclopedia of Communication. Nova Iorque: Oxford University Press.

346. Jamison, Dean, T., Mcauany, Emile, G. (1978).Radio for Education and Development. Londres: Sage Publishers.

347. Kennedy, Paul. (1993). Cultural Expression in the Global Village. (ed.).

348. DavidNostbakken e Charles Morrow. Penang: Southbound Publishers. Mcquail, Dennis. (1994). Mass Communication Theory. Londres: Sage Publications.

349. Mcquail, Dennis; Windahl, Sven. (1989). Communcation Models. New York: Longman.

350. Melkote, Srinivas. (1991). Communication for Development in the Third World, Nova Deli: Sage Publications, pp. 90-92, 172-173, 225-227, 270-271.

351. Ramos, Hernandez e Schramm, Wilbur. (1989). -História e Teorias, International Encyclopedia of Communication. Nova Iorque: Oxford Univesity Press, Vol. 2.

352. Roncagliolo, Rafael. (1993). A expressão cultural na aldeia global. (ed.).

353. DavidNostbakken e Charles Morrow. Penang: Southbound Publishers. Rosengren, K. E. (1981). -Mass Media and Social Changes, Some Current Approachesy, em E. Kaltz e T. Szesko (eds.). Mass Media and Social Change. Londres: Sage Publishers.

354. Schramm, Wilbur. (1964). Mass Communication and National Development. Califórnia: Stanford University Press. Servaes, Jan. (1996). -Participatory Communication Research with Social Movementsy, em Participatory Communication for Social Change. (ed.). 31

355. Servaes, J. Jacobson, T. e White, S. Londres: Sage Publications. Strasser, Steven. (1994).

Pode ligar-nos? Newsweek. Nova Iorque: 6 de junho, pp. 20-23.

356. Tehranian, Majid. (1996). -Communication, Participation and Development | | , em Participatory Communication for Social Change. (ed.). Servaes, J. Jacobson, T. e White, S. Londres: Sage Publications

Printed by Books on Demand GmbH, Norderstedt / Germany